NF文庫
ノンフィクション

新装版

日本軍兵器の比較研究

連合軍兵器との優劣分析

三野正洋

潮書房光人新社

本書は、太平洋戦争における日本軍と連合軍の兵器を徹底調査、研究して、その性能をデータ、数値で公平に評価しています。

日本人が心血を注いで生み出した戦闘機や戦艦をはじめ、兵器全般にわたってその能力を同時代の外国兵器と対比しています。

日米同程度の数と性能の潜水艦であったにもかかわらず、なぜ日本は有効にそれらを活用できなかったのか……など戦術の分析にまで及んでいます。

まえがき

第二次世界大戦、そして我々にとってはより身近である太平洋戦争がその血にまみれた幕を降ろしてから半世紀が過ぎ去った。

しかし五〇年という月日は、日本という国家と国民が体験した最悪の戦争の記憶さえ、歴史の彼方へ押しやってしまいつつある。

今に生きる日本人が、これをきちんと書き残しておかなければ、将来の何人《なにびと》がやってくれるというのであろうか。

ここ数年こういった想いが、著者の胸中を去来している。

この消え去ろうとしている太平洋戦争の記録のひとつとして、当時の日本軍兵器の公正な評価を試みた。

これまでにも、たとえば戦闘機や戦艦といった兵器に関しては、いくつかの分析がなされている。

しかし、かつて日本の人々——言いかえれば彼らは我々の父であり、祖父である——が、ある時はそれを手に、ある時はそれに乗り組んで生命を賭して闘った兵器全般にわたる評価、分析はほとんど手つかずのまま今日に至っている。

歩兵が握りしめていた三八式歩兵銃の性能、太平洋の荒波を切り裂いて疾駆した特型駆逐艦の戦闘力、本土上空でアメリカ軍機と死闘を演じた紫電改、疾風といった戦闘機の能力は、同じ時代の欧米のものと比較してどの程度であったのであろうか。

日本人が心血を注いで生み出した兵器の公平な評価は、いつか、誰かの手によってなされなければならなかったのだが、残念ながらこれまでこの主題に取り組んだ書籍は世に現われなかったようである。

厳密、詳細、かつ正確にこれを実行しようとすると、それはあまりに膨大な作業になってしまう。

このことはよく判っているのだが、その反面、日本軍の代表的な兵器の相対的な性能、能力についてはどうしても論じておきたい気がする。

それでは具体的な〝比較〟はどのような手法によってなされるべきであろうか。

これはやはり〝数値に頼る〟以外になさそうである。もちろんデータがすべてと考えているわけではないが、根本的には数値こそ兵器という科学的機器の能力を表わす唯一のものとも言える。

○日本陸軍の中島九七式戦闘機　制式化一九三七年
エンジン出力七一〇馬力、最大速度四六〇キロ／時
○アメリカ陸軍のノースアメリカンＰ51ムスタング戦闘機　制式化一九四四年
エンジン出力一七二〇馬力、最大速度七〇四キロ／時

を比べた場合、空中戦において前者が勝利を握る可能性は一〇パーセントもないのである。

これによってもデータ、数値はそれなりの意味を持っているといえよう。

さて、文中においては前述のごとく冷静、かつ公平な眼で日本軍兵器の能力を追っている。時には厳しい辛口の批評も当然行なっており、同じ日本人として聞き苦しい場合もあろう。

この点に関しては、次の事柄を明確にしておきたい。

二〇世紀初頭から、軍事を含んだ技術面において、欧米の白人種になんとか太刀打

ちできるだけの力を備えていた有色人種は、我々日本人だけであった。

明治時代からつづく〝お雇い技術者〟の指導があったにしても、大規模な製鉄所を造り、産業を興し、船舶／艦艇、航空機、車両そしてそれらを動かす原動機（エンジン）を自分たちで造り出した。そしてそれらの一部については、欧米の技術を明らかに凌駕していたのである。

著者はここで、日本人の技術的優越性を他民族と比較し強調しておこうとしているわけではない。

しかし――。

アジア、アフリカ、中東をはじめとして全世界を見渡しても、当時にあって欧米の白人種に匹敵する技術を有色人種が持ちえたとする歴史的事実を他に知らないのである。

著者も一技術者として、たとえ単気筒のもっとも簡単なガソリンエンジンであっても、基本から設計に取りかかり、シリンダー、ピストン、クランクシャフトなどを鋼材から造り出すとなると、これは一大事業であることは充分承知している。

片手で持ち上げられるようなエンジンさえ、ゼロから作るとなれば、いまだにほとんどの国が独力では成し遂げられないのである。

いわんや、戦闘機、戦艦に代表される先端技術と、そのための工業基盤を備えた有色人種の国家など皆無であった。

これをなんとか実現させてきた日本と日本人は、少なくともこの面に関しては絶対的な自信を持つべきなのである。

現代に蔓延しつつある風潮の一部に、「国家が技術的な基盤を持っていることにどれほどの意味があるのか」といった虚無的な思想もあるにはある。

しかしいってみれば、それらの人々さえ現代の文明の恩恵を――本人が強く自覚していないにしろ――十二分に受けている。

永かった鎖国政策が終わりを告げ、わが国の近代化が始まって以来、日本は二つの事柄でアジアの他の国とは異なった成功をおさめてきた。

そのひとつは、欧米列強の植民地化の野望を阻止し得たことであり、他のひとつは技術立国としての基盤を確立できたことである。

前者の悲惨、屈辱はわずかに日本、タイを除くアジアの国々の状況を見れば明らかであり、また後者に失敗すれば豊かな国造りは夢と終わる。

明治以来日本人は多くの失敗を犯してきたが、この二点については成功し、それが現在の繁栄の基礎になっているのを忘れてはならない。

繰り返すが、植民地主義がごく当たり前の当時にあって、技術の分野においてなんとか欧米に対抗できた有色人種の国家は日本だけだったのである。

たしかに日本の政治家、高級軍人のかなりの部分は、国を滅ぼす方向に向かって動いていた。

しかし技術者たちが、自分の職責を果たし、また誇りを持って兵器の開発に従事していた事実は疑う余地がない。その結果として、先端技術の集合体である優秀な兵器が生まれたのであった。

そしてそれがどのような目的に使われたのかは、技術者の信念とは全く別の問題なのである。

これらの事柄をきちんと踏まえた上で、兵器の評価に取りかかるとしよう。

なお、広く知られているように旧陸海軍の兵器については、皇紀／和暦による○○式の名称がつけられていた。本書ではたびたびこれを用い、また年号（昭和）、西暦も併用している。これを判り易くするため対照表を掲げておくので、参考にしていただきたい。

日本の兵器名称の早見表

兵器名称	皇紀	西暦	昭和
五　式	2605	1945	20
四　式	2604	1944	19
三　式	2603	1943	18
二　式	2602	1942	17
一　式	2601	1941	16
零　　式（海） 一〇〇式（陸）	2600	1940	15
九九式	2599	1939	14
九八式	2598	1938	13
九七式	2597	1937	12
九六式	2596	1936	11
九五式	2595	1935	10
九四式	2594	1934	9
九三式	2593	1933	8
九二式	2592	1932	7
九一式	2591	1931	6
九〇式	2590	1930	5
八九式	2589	1929	4
八八式	2588	1928	3
八七式	2587	1927	2
八六式	2586	1926	元

また平成七年秋に刊行された拙著『日本軍の小失敗の研究』、翌年春の『続・日本軍の小失敗の研究』と、記述がなるべく重ならないように心がけている。

しかし一部の兵器の評価において、どうしても繰り返しの部分が生じてしまうのは避けられない。この点も読者のご理解を得られれば幸いである。

著　者

日本軍兵器の比較研究——目次

第二部　航空兵器

第三部　陸上戦闘兵器

第四部　戦闘車両

写真提供／著者・佐山二郎・雑誌「丸」編集部

日本軍兵器の比較研究

——連合軍兵器との優劣分析

第一部　海軍の艦艇

序論——必要なのは広い視野と先見性

太平洋戦争の開戦時、合計実に一〇六万トンの排水量を誇っていた日本海軍の艦艇部隊は、それから三年九ヵ月にわたり米、英軍と死闘を繰り広げた。

その戦力は戦争中に建造、就役したものを合わせると、

戦艦	一二隻
航空母艦	二五隻
巡洋艦	三九隻
駆逐艦	一八〇隻
潜水艦	一九〇隻
その他	約三〇〇隻

となる。

しかし太平洋に平和が訪れたとき、これらの艦艇のうちなんとか航行可能なものは小型空母二隻、軽巡洋艦三隻を中心とした四〇隻のみであった。

まさに日本海軍は〝矢尽き刀折れる〟まで戦ったのである。

軍艦の数で言えば四〇〇隻以上が沈没し、三〇万人を越す軍人が戦死している。

しかし日本海軍は一方的に敗れたわけではなく、

戦艦　三隻
航空母艦　一〇隻
巡洋艦　一五隻
駆逐艦　六五隻
潜水艦　五八隻
その他　四〇隻

の戦果を挙げている。

戦争自体が〝悪〟であることは言を俟《ま》たないが、いったん戦いとなったら勇敢に闘うべきで、この意味から日本海軍は充分にその責任を果たしたと言えるのではあるまいか。

ところで日本海軍の艦艇の能力は、列強海軍のそれと比較してどの程度のものであったのであろうか。国民の間で広く知られている史上最大の戦艦大和級二隻、攻撃力から見るかぎり確かに世界最強であった重巡洋艦群、そして大型艦を揃えていた潜水艦隊。

昭和の初期から、わが国の人々が日本海軍の〝連合艦隊〟こそ世界でもっとも強大な戦力を有していると信じていたのもあながち間違いではなかったのである。

もっとも海軍の強さというものが、必ずしも個々の艦艇の能力には直結しないという事実を太平洋をめぐる戦闘は我々に教えている。

海戦の勝利は結局のところ、

○兵力の大小

○軍事技術、特に艦艇そのものよりも周辺の技術（たとえばレーダーといった）の優劣

○一見戦力とは関係のないような、たとえば石油の備蓄量

などによって大きく左右されたのであった。

戦争勃発以前の日本海軍——海軍だけに限らないが——は、この事実に気付かない

まま艦艇の能力向上に多大の努力を傾注した。速力を一ノット（一八五二キロ／時）でも大きくしようとし、また一門でも多くの大砲を積もうと研究を重ねた。

これらが全く無駄であったとは思わないが、必ずしも戦力の増強に繋がっていたとは思えないのである。

たとえ能力、性能が平凡であっても建造費が安く、手間もかからず、種々の目的に使えるような軍艦を生み出すことの方が、はるかに重要だったのである。日本海軍も戦争が始まってからこれを悟り、例えば重武装、高性能の甲型駆逐艦に代えて、性能的には低い丁型の大量建造に踏み切っている。

このように見ていくと、兵器の開発のさい必要なのは、広く周辺の世界を見渡す目と、先見性ということになろう。


さてその点はひとまず置き、さっそく艦艇の能力の評価に取りかかろう。

戦艦、航空母艦のような排水量数万トンに達する大艦はもちろん、駆逐艦、潜水艦についても言及する。

これからのわが国の将来を考えるとき、重要なのはやはり排水量一万トン以下の水上艦艇、三〇〇〇トン以下の潜水艦である。

旧海軍の艦艇を各国のそれと比較することによって、今後建造すべき海上自衛隊艦艇の姿をおぼろげながらも浮かび上がらせていきたい。

（注・艦艇はもちろん、その他の兵器について要目、性能を示す数値、データは資料によって大きく異なる。この点をあらかじめご了承いただきたい。また兵器の種類、いくつかの改良型に関しては、その代表的なものを取り上げることにする）

戦艦

一九九一年の湾岸戦争（イラク対多国籍軍）を最後の実戦場として、世界の海からついに戦艦の姿が消えてしまった。人類が作り出した最大の兵器は、ちょうど一〇〇年しかこの世に存在しなかったことになる。

また排水量（いわゆる〝重さ〟である）からいっても、いつの間にか航空母艦が戦艦を追い越している。

さて第二次大戦直前まで、戦艦こそ海の戦いの勝敗を決するものといわれていた。

これは日本海軍はもとより、アメリカ、イギリスの三大海軍国のすべてについても言えることで、だからこそ、列強は空母の数以上に戦艦を揃えようと膨大な努力を続けていた。

第二次大戦のさい、海上に出現した戦艦の総数は、数え方によって多少異なるが約八〇隻である。ただしその中で新旧、大型小型が入り乱れており、各艦の優劣を問うことはなかなか難しい。

三大海軍国に、ドイツ、イタリア、フランスを加えて調べてみると、次のような数字が表われる。

	戦艦	新戦艦	総数
日本	一〇隻	二隻	一二隻
イギリス	一五	五	二〇
アメリカ	一六	一〇プラス二	二六プラス二
ドイツ	ゼロ	四プラス三	四プラス三
イタリア	四	三	七
フランス	三	四	七
合計	四七隻	二八隻プラス五	七五プラス五隻

（注・アメリカのプラス二隻は、アラスカ型大型巡洋艦、ドイツの三隻はポケット戦艦）

また新戦艦二八隻のうちには、運動性重視のいわゆる巡洋戦艦（ドイツのシャルン

各国の新鋭戦艦

要目・性能 ＼ クラス名	大和級	ビスマルク級	ビットリオ・ベネト級	アイオワ級	キング・ジョージ五世級	リシュリュー級
	日本	ドイツ	イタリア	アメリカ	イギリス	フランス
基準排水量 トン	64000	41700	41000	48000	36700	35000
満載排水量 トン	72800	51000	46500	56600	45200	48300
全長 m	263	248	238	270	227	248
全幅 m	38.9	36.0	32.8	33.0	31.4	33.0
吃水 m	10.4	8.7	9.6	10.7	8.8	9.6
軸数	4	3	4	4	4	4
出力×10^4 HP	15.0	15.0	12.8	21.2	12.5	15.0
速力 ノット	27	30	30	33	29	30
航続力	16ノット 7200海里	17 8900	16 4000	12 18000	10 13000	15 8000
主砲口径 cm×門数	46×9	38×8	38×9	41×9	36×10	38×8
副砲口径 cm×門数	15.5 ×12	15 ×12	15 ×12	なし	なし	15.2 ×9
対空砲口径 cm×門数	12.7 ×12	10.5 ×16	12×4 9×12	12.7 ×20	13.3 ×16	10 ×12
装甲最厚部 mm	410	320	350	440	380	350
〃 舷側部 mm	230	220	200	210	110	210
搭載航空機	7	5	3	3	2	3
出力排水量比 HP/トン	2.3	3.6	3.1	4.4	3.4	4.3
乗員数	2500	2100	1900	1920	1420	1670
1番艦の竣工年度	1941年	1940	1940	1942	1940	1940
同型艦数	1	1	2	3	4	1

注・航続力の項は航海速力と航行可能な距離を示している。

最大の18インチ砲を搭載したが、速力が遅かった大和（上）。33ノットの高速と、最新の設備が導入されたアイオワ（下）

ホルスト級二隻）が入っている。したがって〝本格的な新型戦艦〟を数えると、

日本二隻、イギリス五隻、アメリカ一〇隻、ドイツ二隻、イタリア三隻、フランス四隻の計二六隻と考えればよい。

またイタリアの三隻、フランスの四隻はそれほど激しい戦闘を経験しないままに終わってしまい、その実力は未知数である。これはアメリカ海軍も同じで、新戦艦一〇隻は沈没艦を出さないまま戦争を生き延びている。

別表では六ヵ国の代表的な戦艦を挙げているが、それらはいずれもそれぞれの海軍

国別の戦艦の主砲口径と口径ごとの保有数

主砲の口径／国名	11インチ 28 cm	12インチ 30.5 cm	13インチ 33 cm	14インチ 36 cm	15インチ 38 cm	16インチ 40 cm	18インチ 46 cm	合計
日本				8		2	2	12隻
ドイツ	2				2			4
イタリア			4		3			7
アメリカ		2		12		14		28
イギリス				5	13	2		20
フランス			2		2			4
ソ連		3			1*			4

注・＊イギリスよりの貸与艦。
特に旧式のものを除いている。巡洋戦艦、大型巡洋艦を含む。

最強の戦艦である。

さて、戦艦の存在価値はなんといっても恐るべき威力を秘めた主砲で、当然ながらその口径は大きければ大きいほど強力といえる。

日本の大和　　一八インチ（四六センチ）

アメリカのアイオワ　一六インチ（四〇センチ）

が圧倒的である（一六インチ砲搭載艦中でアイオワ級の主砲の砲身長比が最大）。

この数値からも、最強の戦艦はこの二クラスといってよい。それでは次に、大和の一八インチ砲が史上最強の威力を持っていたと断言すべきかどうか検討しよう。

たしかに口径、砲弾重量からみる限り一八インチ砲は最大なのだが、砲身の長さ（砲身長比・口径と砲身の長さの比）を比べてみると、

大和の一八インチ砲　　四五

アイオワの一六インチ砲　五〇
と逆転する。砲身の長さはそのまま命中精度、威力に直結することもまた事実である。

口径×砲身長イコール威力数という簡易式で考えると、
一八インチ砲　八一〇
一六インチ砲　八〇〇
となり、威力（の概数）としては、大和の一八インチ砲を一〇〇とした場合、アイオワの一六インチ砲は九八となる。
口径の小さい方が単位時間当たりの発射回数が向上するから、両者の威力はほぼ等しいと見るべきだろう。

このニクラスと比較した場合、他の戦艦の攻撃力はかなり低く、その差は主砲一門あたり少なくとも一〇パーセントとなる。

次に各戦艦の運動性能を見ていくと、残念ながら大和級が著しく低いことがわかる。

この性能を示すもっとも簡単な要素は、いうまでもなく速力（最高速力）と出力排水量比（排水量一トン当たりに使える機関出力）である。

つまり近代的な戦艦の条件としては、

○速力三〇ノット（五五キロ／時）
○出力排水量比三・〇（一トン当たり三馬力）
がどうしても必要なのである。

実戦において防御力の大きさが証明されたビスマルク（上）。各国の新戦艦中、同型艦の多いキング・ジョージ五世（下）

日本をのぞく他の五ヵ国の戦艦が、いずれもこの値を満足しているのに対し、大和の値はかなり低くなってしまっている。特に速力三ノット、出力排水量比四・四のアイオワ級と比べると大幅に小さい。こと運動性に関するかぎり、大和は近代戦艦の中では最低なのである。

海戦の中心戦力が空母機動部隊となったとき、アメリカの戦艦群はその対空護衛に活躍することになった。なかでもアイオワ級は、強力なエセックス級の空母群と一体になり、任務を遂行する。

これに対し大和、姉妹艦武蔵は、軽々と三三ノットを発揮する日米の大型空母より六ノットも遅かった。これだけ速力に差があっては、対空護衛にはとても使えない。

もっとも登場の時期を考えれば、大和の出力不足を責めにくい気もする。

アメリカ海軍の第一号の新戦艦ノースカロライナ（一九四一年四月竣工）の速力は二八ノットであり、大和と大差はないのである。大和はそれから八ヵ月後に誕生しているから、排水量を考慮した場合、なんとか合格点を与えてもおかしくはない。

それにしても二〇万馬力を越す機関出力を発揮したアイオワ級の運動性能は、アメリカ工業界の実力を如実に示すものであった。

他方、防御力に関しては――アイオワ級に沈没艦がなかったこともあり――なんとも比較がしにくいのが実情である。

全く同じ仕様から造られた大和級にあっても、沈没にさいしては、

武蔵　魚雷二一本　爆弾二五発

大和　魚雷一一本　爆弾一六発

と受けた被害に大差がある。
またドイツ海軍の大戦艦ビスマルクは、一九四一年五月二七日イギリス艦隊と交戦、魚雷八～一二本　大口径砲弾二〇発以上の命中により、ついに撃沈された。
この状況を見ると、大和級、ビスマルク級の防御力については、ほぼ同等と考えてよいのではあるまいか。
これを比較したとき、イタリア海軍の、
リットリオ　航空魚雷三本で沈没　着底
ローマ　　　ドイツの誘導爆弾二発で沈没
のそれはかなり低いと思われる。
一般的に、第一次、第二次世界大戦におけるドイツ戦艦（巡洋戦艦を含む）は、攻撃力は高いとは言えないものの、防御力に関してはきわめて大きいことが証明されているのである。かえってイギリス戦艦、巡戦の方が少ない損傷で沈んでしまった。
それぞれの戦艦は防御力を高めるためいろいろ装甲防御を取り入れ、爆弾、魚雷、砲弾の命中に備えていた。しかし、如何なる方式を採用したところで、その効果は絶対的なものではない。それこそ大和、武蔵、ビスマルクの末路がそれを証明しているのである。

不沈艦などはじめから存在せず、どれだけ沈みにくい戦艦を造るかが、各国の技術陣に与えられた課題なのであった。

ところで攻撃力、機動力（運動性能）、防御力以外の性能については、どんな項目を比較すればよいのだろうか。例えば対空火器を考えれば、

大和（最終時）

高射砲二四門　各種機関銃／砲　一五〇門

アイオワ　両用砲二〇門　各種機関砲／砲　一三〇門

ビスマルク　高射砲一六門　各種機関砲／砲　三〇門

となっている。出現時期から言って、ビスマルクの対空火器が貧弱なのは仕方のないところであろう。

またアメリカの戦艦は早くから副砲を廃止して、そのぶん対水上、対空の一二・七センチ両用砲に切りかえている。この判断については、あきらかに他国の海軍より進歩していた。

結論

日本海軍が完成させた二隻の大和級戦艦は攻撃力においては、アイオワ級をわずかに凌駕し、世界最強と言い得る。

しかし運動性能は機関出力不足により、列強の戦艦と比べて大幅に劣っていたのも事実である。

防御力は、大胆に推測したとき、大和、アイオワ、ビスマルク級がほぼ同等であろう。

これらのすべてを勘案すると、史上出現した最強かつ最良の戦艦という名誉は、大和ではなくアイオワに与えられる。

竣工した時期が大和より丸二年、ビスマルクより三年遅かっただけに、最新の技術が導入され、またそれを生かすアメリカ造船界の実力が存在した。だからこそ、この頃の最初で述べたごとく誕生から半世紀にわたって活躍できたのであろう。

一方、大和級二隻、ビスマルク級二隻については、アメリカ、イギリスほど豊かではなかった日本、ドイツ国民の汗の結晶といえた。これらの戦艦に注ぎ込まれた建造費は、国家予算の一パーセントを大きく上回ったのである。

二クラス四隻のうち、ティルピッツを除いた三隻は強大な敵を相手に勇戦奮闘し、大海原にその姿を没した。

アイオワ級四隻の今後の処遇ははっきりしないが、大戦艦の本当の墓場は大洋の底にしかないような気がするのも事実である。

航空母艦

日本海軍が建造した航空母艦の第一号は、大正一一年（一九二二年）に竣工した鳳翔であった。ほぼ同じ時期に、

アメリカ海軍はラングレー

イギリス海軍はハーミーズ

を完成している。

結局、第二次大戦中に複数の航空母艦を保有し、それを実戦で活躍させたのはこの三ヵ国の海軍以外にはなかった。これに次ぐドイツ、イタリア、フランスは最後まで空母を持たないままに終わってしまったのである。

ドイツ海軍　グラーフ・ツェッペリン

イタリア海軍　スパロビエロ他一隻

は未完成のままであり、

日、米、英の航空母艦

要目・性能＼クラス名	翔鶴級	千歳級	エセックス級	インディペンデンス級	カサブランカ級	イラストリアス級	アクティビティ級
	日本	日本	アメリカ	アメリカ	アメリカ	イギリス	イギリス
基準排水量 トン	26700	11200	27100	11000	7800	23000	11400
全長 m	258	186	267	190	151	230	150
全幅 m	26	20.8	45	33	33	29	21
吃水 m	8.7	7.5	7.0	6.1	6.0	7.3	7.8
軸数	4	2	4	4	2	4	2
出力×10^4 HP	16.0	5.7	15.0	10.0	0.9	11.0	0.9
速力 ノット	34.2	29.0	33.0	31.6	19.3	31.0	17.0
搭載機数	84	30	100	45	34	36/72	24
カタパルトの数	なし	なし	2	2	1	2	1
エレベーターの数	3	2	3	2	2	3	1
対空砲口径 cm×門数	12.7 ×16	12.7 ×8	12.7 ×12	—	12.7 ×1	11.4 ×16	10.2 ×2
他の兵装	25 mmMG ×36	25mm ×30	40 mm ×60	40mm ×26	40 mm ×16	—	40mm ×8
出力排水量比 HP/トン	6.0	5.1	5.5	9.1	1.2	4.8	0.79
乗員数	1660	790	3500	1560	1100	2000	650
1番艦の竣工年度	1941年	1944	1942	1943	1943	1940	1942
同型艦数	1	1	16	8	50	5	4
種別	正規	改造	正規	軽	護衛	正規	改造

フランス海軍　ベアルン

は、航空機輸送艦の役割しか果たしていない。

これに対して前述の三大海軍国は動く航空基地たる空母を縦横に活用し、その戦力を世界に見せつけたのであった。

それではまず、それぞれが保有した隻数から見ていくことにしよう。

日本海軍

正規空母　一三隻　改造空母　一二隻　計　二五隻

アメリカ海軍

正規空母　三二隻　護衛空母　一一四隻　計一四六隻

イギリス海軍

正規空母　一三隻　護衛空母　四〇隻　計　五三隻

（注・これらの数字はいずれも建造数であり、同時に保有されたものではない。また数え方によって数字は多少異なる。イギリス海軍にはアメリカで建造されたものを含む）

航空母艦の分類としては、正規空母（艦隊空母）、軽空母、護衛空母、改造空母といったものがある。

またこの中の正規空母だけをとっても、きわめて小型、旧式のもの、大型、新式のものが混在している。

そのすべてを区別して評価するだけの余裕がないので、

○正規空母＝艦隊の中核となり、大きな攻撃力を有する

○護衛空母＝他の艦、船種からの改造で、主として船団護衛といった補助的な任務に使われる

の二種のみについて言及したい。

一、正規空母の評価

比較検討の対象として、

日本海軍　　翔鶴級　　一九四一年

アメリカ海軍　エセックス級　一九四二年

イギリス海軍　イラストリアス級　一九四一年

を取り上げる。

いずれも各国海軍の中心戦力であって、縦横無尽の活躍振りは多くの海戦史にその

名をとどめている。

三ヵ国三級の要目、性能については別表に掲げているが、大要は排水量二万五〇〇〇トン前後、速力三一ノット以上といったところであろうか。

いずれも前述のごとく大海原を疾駆し、多数の艦載機を運用し、目覚ましい戦果を挙げているのである。

㈠ 飛行甲板の面積と搭載機数

さて、空母の性能、能力を比較するための要素はいろいろあるが、まず搭載機の数から見ていくことにしよう。同時に一機当たりの排水量も比べてみる。

翔鶴	八四機	三一八トン／機
エセックス	一〇〇機	二七一トン／機
イラストリアス	七二機	三一九トン／機

となる。

このようにみると、エセックス級は搭載機の数が多く、したがって一機当たりの排水量も当然少なくなっていることがわかる。

またイラストリアスは初期には三六機の搭載機しか持っていなかったが、これではあまりに少ないということでのちに倍増されている。

次に飛行甲板（フライトデッキ）の広さが搭載機数に関係しているかどうか調べていくと、

翔鶴　　七四八二平方メートル

搭載機数や運動性能などバランスのとれた翔鶴（上）。舷外エレベーターや開放型格納を備えたエセックス型（中）、搭載機を減らし、装甲甲板を採用したイラストリアス（下）

エセックス　　一二〇一五平方メートル
イラストリアス　　六六七〇平方メートル
という数字になり、排水量が等しくともエセックスがとび抜けて広い。

（注・フライトデッキの面積は便宜上全長×全幅で算出している）

ともかく翔鶴と比べて実に六割も広い。またフライトデッキの面積が船体に比べて広いのはアメリカ空母の特徴であり、これは正規空母ばかりではなく、護衛空母についてもいえることである。

運用上からはフライトデッキは一平方メートルでも広い方が有利である。発着だけでなく、機体の整備、兵器類の装着と、どんな作業から言っても広いに越したことはない。

現在のアメリカ海軍の大型空母（例えば原子力空母ニミッツ級）の飛行甲板の面積は、じつに二万平方メートルを越えており、ヘクタール単位で測る方が判りやすいまでになっている。

長さこそ限定されるが、横幅を大きくしようとアメリカの空母設計者は努力した。その結果、全幅としては翔鶴二九、エセックス四五、イラストリアス二九メートルと、この点でアメリカの正規空母は五五パーセントも大きいのである。

(二)　カタパルトの有無

航空母艦の建造技術において、日本が遅れに遅れていたのが射出機（カタパルト）である。

米、英は早くから蒸気カタパルト（初期には火薬使用タイプと併用）の開発に取り組み、一九四〇年竣工のワスプから実用化していた。

飛行甲板の前部に装着された射出機の効用はいくつも挙げることができる。

○発艦のためのスペースの削減
○発艦する航空機の搭載量の増加
○発艦にさいしての速力、風向の有利さ

など、これらがあるとないとでは空母そのものの能力が大きく異なってくる。

蒸気圧を利用して巨大なピストンを動かし、それによって数トンの艦載機を秒速三〇メートルまで加速させるこのシステムには、高度な機械技術が必要であった。

アメリカ、イギリスはこのカタパルトを必需品と考えていたが、日本はこれに気づかず大きく遅れをとってしまった。

日本の航空母艦は最後までカタパルトを持たないまま戦わざるを得ず、後述する小型の護衛空母の能力に関しても、カタパルトの存在がその価値を左右するのである。

㈢　乗員数の問題

再び日米英の三艦について、今度は乗組員の数を検討する。

翔鶴　　　　一六六〇名
エセックス　　　三五〇〇名
イラストリアス　二二〇〇名

と、フライトデッキの面積と同様の差が明らかになる。

ともかく翔鶴はエセックスと比べると、乗組員数が半分以下なのである。前述のごとく搭載機の数が後者に一五パーセント多いとしても、あまりの差に驚かざるを得ない。

航空機の整備、各種兵器の搭載、そして発着艦作業を考えれば考えるほど、空母の乗員数は多いほど良いと断言できる。もちろん食料、居住性の面から限度はあろうが、それでも可能なかぎり増やすべきであった。

これは、戦闘時の損傷からの回復（ダメージ・コントロール）を進める意味からも有利になる。

このように見ていくと、他の二級と比較してエセックス級が圧倒的に優れていることがはっきりしてくる。

これ以外にも、
○舷外エレベーター
○開放型格納庫
といったふたつのアイディアも、運用の容易さのみならず、損傷を受けたさいそれを最小限にとどめるためにも有効であった。

いずれもアイディアだけを見れば誰にでも思い付きそうな簡単なものであるが、その効果は素晴らしかった。

昭和一七年六月のミッドウェー海戦で失われた日本海軍の主力空母赤城など四隻がこのような構造を取り入れていれば、いずれも沈まずに済んだとも考えられる。

舷外エレベーター、開放型格納庫は、空母といった大型兵器の設計においても、〝発想の転換〟が極めて大切なことを如実に示しているのであった。

なおこのふたつの機構、構造の有効性については、拙著『日本軍の小失敗の研究航空母艦をめぐる問題』を参照されたい。

一方、翔鶴とイラストリアスを比べたとき、
○搭載機数、軍艦としての運動性能で翔鶴
○装甲甲板の採用といった防御力でイラストリアス

が勝っている。いってみれば一長一短があってどちらが正規空母として優れているかは判定し難い。

結論

三大海軍国の正規空母を比較した場合、
○アメリカ海軍が抜きんでていた
○日、英の空母技術は横並びであった
またイギリスはカタパルトをはじめとする周辺技術を次々と開発したが、大型空母を多数建造するだけの国力を持ち得なかった。
日本海軍は優れた空母を造り出してはいたものの、新しく有効なアイディアを生み出せないままに終わってしまった。

二、護衛空母の評価

戦争勃発と共にはじめから航空母艦として建造された正規空母以外に、次のようなものも続々と造られた。
○大型商船改造空母

日本海軍の海鷹など　海鷹一万三六〇〇トン
○巡洋艦の船体を基本にした空母
アメリカ海軍のインディペンデンス級一万一〇〇〇トン
○貨物船の船体を基本にした空母
アメリカ海軍のボーグ級七八〇〇トン

また最初から空母としての能力を限定し、そのかわり数をそろえようとしたアメリカ海軍のカサブランカ級護衛空母七八〇〇トンもあった。

したがって前にも触れたが、小型空母、軽空母、改造空母、護衛空母などの呼び方があり、それぞれにそう呼ばれるだけの理由も存在する。

艦艇研究者の目から見れば、これらの呼称は厳密に定義されるべきなのであろう。しかしあまりに煩雑であるから、ここでそれらを正規空母に対する〝護衛空母〟と一括して呼ぶことにしたい。

さて日本、イギリス両国は「最初から護衛空母として設計された航空母艦」を大量に建造できずに終わっている。日英の護衛空母はすべて、すでに完成していた巡洋艦、水上機母艦、大型商船からの改造であった。

これに対してアメリカ海軍は、

カサブランカ級護衛空母（上）と海鷹——ともに商船改造艦だが、海鷹1隻の建造期間でアメリカは50隻を完成させた

巡洋艦の船体を利用した軽空母
商船の船体を利用した護衛空母

を造りにつくり、その数は一〇〇隻以上にのぼっている。

ここで言うところの〝利用〟の意味は「船体設計をそのまま活用する」ということである。

つまり、日英の〝改造〟とは根本的に異なっている。

なかでも商船（貨物船）型については船体の設計はすでに終わっており、構造も簡単であるから、まさに週一隻の割合で完成した。

日本海軍の航空母艦の総数が二五隻であったのに対し、アメリカ海軍のカサブランカ級はなんと五〇隻、コメンスメント・ベイ級一万一〇〇〇トンは一五隻（大戦中に完成分のみ）も建造されている。

もちろん別表（三五ページ）からも判るとおり、これらの護衛空母の能力は決して高いとは言えず、排水量一万トン、速力二〇ノット、搭載機数三〇機前後となる。運動性、防御力も正規空母と比べれば、取るに足らないものである。

しかし――。

アメリカ海軍はこれらの空母の建造にあたり、きわめて明確な割り切り方をしていた。

大艦隊同士が真正面からぶつかり合うような海戦に投入することなど全く視野に入れず、船団護衛、対潜水艦哨戒、上陸作戦支援などの任務であればこの程度の航空母艦で充分と考えていたのであった。

その分、迅速に戦力化するため、建造期間の短縮、費用の軽減に力を注ぎ、カサブランカ級五〇隻をちょうど一年間で完成させている。

それも造船所を一ヵ所（カイザー・バンクーバー造船所）に絞り込み、ここでは他の艦船の建造をいっさい中止しこのクラスだけを昼夜兼行で造ったのである。

これに比べると日、英海軍はいつまでも能力の高い航空母艦にこだわり続けていた。それでもイギリスは中型商船改造の、アクティビティ、カンパニア、ビンディックスなどを建造した。

一方、日本海軍は大型商船のみの改造に終始し、七隻だけで終わってしまった。またそれらについても、正規空母の項で述べたカタパルトの実用化ができないままで、船体が大きい割には能力がそれに見合わなかった感がある。

結論

護衛空母という艦種について、アメリカ海軍は、

○過大な能力を期待せず
○その分、早急に数を揃える
○低い能力に見合った任務に従事させる

という単純な用法を貫き、これを成功させた。

日英海軍、なかでも日本はこの割り切り方ができず、その結果、中途半端な大きさの空母を次々と完成させ、ほとんど活躍させられないまま失ってしまった。

兵器の性能を追求することが重要なのは言うまでもないが、「この兵器については

必ずしも高い性能を必要としない」という割り切りも時には大切であるという教訓を我々に残している。

現在の自衛隊にも、この教訓は当てはまると言えるのではないだろうか。

巡洋艦

これまで海上に現われた軍艦のうち、もっとも優美、勇壮なものを選べと言われたとしたら、著者は迷うことなく、

ドイツ海軍の戦艦　シャルンホルスト級

日本海軍の巡洋艦　利根級

を挙げる。

また利根、筑摩以外の日本の重巡洋艦もきわめて重厚な艦容であって、日本人の生み出した優れた工業デザインのひとつの頂点と言えるのではあるまいか。

一方、軽巡洋艦について、日本海軍は新しい艦をごく僅かしか建造しなかった。

四本の煙突を並べた旧式の軽巡の最後となる那珂が一九二五年に竣工したあと、新型軽巡阿賀野の完成（一九四二年）まで実に一七年の空白がある。

（注・のちに重巡に改修されたもの、および練習巡洋艦などを除く。排水量からいえば七〇〇〇トン以下を軽巡とする）

したがって本項では、重巡洋艦のみに的を絞って話を進めていこう。

日、独、伊、米、英、仏、ソといった七大海軍国にあって、重巡戦力の強化にもっとも熱心だったのは間違いなく日本海軍である。

また日本の重巡は、別掲の表からも判るとおり、ともかく攻撃力重視であった。アメリカ以上に巡洋艦の数を揃えていたイギリス海軍の場合、その七割が軽巡であり、海外の植民地、連邦諸国間の海上交通路・シーレーンを防衛することを目的とした比較的攻撃力の小さなものも建造していた。重巡についてもこの傾向が強く、たとえばヨーク、エクゼターなどは航続力、居住性を重視し、戦闘力は必ずしも高いと言い難い。

これに対して日本の重巡は強力な魚雷兵装と共に、少しでも砲撃力を強化するための努力を惜しまなかった。そのため主力となる妙高、高雄級においては、八インチ（二〇センチ）砲を一〇門も搭載することになる。

これだけの重兵装の巡洋艦は他国の海軍にもなく、この一事をもってしても攻撃力重視の思想は明らかであった。列強の重巡のほとんどは八インチ砲八門で、わずかに

各国の主要な重巡洋艦

要目・性能 ＼ クラス名	高雄級	ヒッパー級	ザラ級	ニューオルリンズ級	ノーフォーク級	シュフラン級	キーロフ級
	日本	ドイツ	イタリア	アメリカ	イギリス	フランス	ソ連
基準排水量 トン	9900	13900	11700	10100	10000	10000	7900
全長 m	204	206	183	179	191	194	191
全幅 m	18.0	21.3	20.6	18.8	20.1	19.3	17.7
吃水 m	6.1	5.8	7.2	6.9	5.2	7.3	7.2
軸数	4	3	2	4	4	3	2
出力×10^4 HP	13.0	13.2	9.5	10.7	8.0	9.0	11.3
速力 ノット	35.5	32.5	32	32.7	32.3	31	36
航続力 ×10^2	1120	800	850	1500	1400	750	650
主砲口径 cm×門数	8×10	8×8	8×8	8×9	8×8	8×8	7×9
副砲口径 cm×門数	12 ×4	10.5 ×12	10 ×16	12.7 ×8	10 ×4	9 ×8	10 ×6
魚雷 直径 cm ×管数	61 ×8	53 ×12	なし	なし	53 ×8	55 ×6	53 ×6
舷側装甲厚さ mm	102	76	150	75	25	50	60
搭載航空機	3	3	2	4	1	3	2
出力排水量比 HP/トン	13.1	9.5	8.1	9.1	8.0	9.0	14.3
乗員数	730	1600	840	870	710	750	740
1番艦の竣工年度	1939年	1939	1931	1934	1930	1930	1938
同型艦数	3	2	3	6	1	3	5

アメリカ海軍のペンサコラ級が一〇門を持つにすぎない。

そのうえ日本の各級とも基準排水量は小さめであるから、ますます前述の思想が強調されるのである。いわゆる条約型重巡で排水量の最大の艦は、ドイツ海軍のアドミラル・ヒッパー級一万三九〇〇トンと考えられるが、それでも主砲は八門であった。

また前にも少し触れたが、もうひとつの攻撃力である魚雷兵装についても、それぞれの国の考え方は大きくかけ離れている。

一部に例外はあるものの、アメリカ、イタリアの重巡洋艦は魚雷を搭載していない。種々のミサイルが登場している現代と異なり、当時にあって魚雷は八インチ砲を凌ぐ威力を有していた。

たとえば重巡が敵の戦艦と交戦した時、魚雷を持っていなければ必ず打ちのめされる。重巡の八インチ砲では戦艦の一二、一四、一五、一六インチ砲には全く太刀打ちできない。

この意味から巡洋艦も魚雷を搭載すべきだったと考えられるのだが……。

たしかに太平洋の戦いにおいて、重巡洋艦が魚雷によって大きな戦果をおさめた例はあまり多くない。

それが確認された戦闘は、昭和一七年二月末のスラバヤ沖海戦（第一次夜戦）をはじめ二、三例にとどまるのである。

もっとも日本海軍の巡洋艦の魚雷が、最大の効果を発揮するような機会はいくつかあった。

アメリカ海軍　戦艦二隻　駆逐艦四隻

日本海軍　戦艦一隻　重巡二隻　軽巡二隻　駆逐艦九隻

が夜間の接近戦を行なった第三次ソロモン海戦（昭和一七年一一月一四、一五日）など、その典型である。

しかしこの絶好の機会に、日本海軍巡洋艦群はアメリカ戦艦に対して一発の魚雷も命中させることなく終わってしまった。このあと、重巡の魚雷が敵艦に向け発射されるような海戦そのものがなくなるのである。

このように見ていくと戦争前に日本海軍が想定していた海戦の状況は、全く見当はずれであったことがわかる。

巡洋艦に限らず、兵器というものはあらかじめ予想された戦いの形が大きく変貌すると、その能力を発揮できない。この点、戦争後半の巡洋艦（特に大きな砲撃力を持つ重巡）は、戦艦と同様すでに過去の艦種になっていたのではあるまいか。

攻撃力に重点を置いていた高雄（上）と、沈みにくさを追求し、防御力は他国の重巡より優れていたニューオルリンズ

それでは次に防御力という面から各国の重巡を見ていくことにしよう。

防御力そのものを数値化するのは困難であって、強いて調べようとした場合、

㈠　各部の装甲の厚さ

㈡　防水区画の数

などによって比較する以外にない。

他には機関室の配置（これも防水区画と同じ）であろうが、いずれも専門にすぎてアマチュアが判断しかねるところではある。

ただかなり明確に断言できることは、「いわゆる沈みにくさ」という点からは、ア

メリカの重巡が一頭地抜きんでていた。

いやこれは重巡洋艦だけではなく、軍艦全般にわたって言えることである。

フランス、イタリア、ソ連、ドイツの四ヵ国の重巡洋艦群は、対空戦闘、対水上戦闘のいずれにおいても、満身創痍になりながら長時間戦い続けるといったような戦闘を経験していない。これは第二次大戦時の海戦の歴史を繙けば一目瞭然である。


一方、アメリカ、イギリス、そして日本の重巡は、航空機、水上艦、潜水艦を相手に血みどろの戦いを何度と

各国の重巡のなかでも最大であったアドミラル・ヒッパー（上）と、航続力や居住性を重視して造られたノーフォーク

なく経験している。

○アメリカ海軍／スラバヤ、バタビア沖海戦におけるヒューストン、ノーザンプトン級五番艦

○イギリス海軍／同じく前記のバタビア沖海戦を闘ったエクゼター、同級一番艦

○日本海軍／スリガオ海峡の夜戦で重大な損傷をうけた最上、同級一番艦

などは、まさに勇戦敢闘し、その後、波間に姿を消していった。

これ以外にも米八隻、英二隻、日本八隻の重巡はいずれも激戦を経験し、そのあと沈没に至った状況もかなり詳細に記録されている。

その結果浮かび上がってくるのが、日本の重巡の意外な脆《もろ》さである。

この例として昭和一九年一〇月のレイテ（フィリピン）沖海戦の緒戦における大厄災が挙げられよう。

来攻したアメリカ海軍の大艦隊の迎撃に向かった第一遊撃部隊の重巡部隊（第四戦隊）は、パラワン水道で敵潜水艦の猛烈な攻撃にさらされた。

愛宕　魚雷四本命中　二三分で沈没

摩耶　四本命中　八分で沈没

高雄　二本命中　大破　航行不能

日本の護衛駆逐艦の数が充分でなかったとは言え、わずか六時間のうちにこれだけの損害を出してしまったのである。

それはともかく、写真から見るかぎりあれだけ雄々しく、また逞しい重巡洋艦のあまりの呆気ない最後であった。

しかし一万トンクラスの軍艦に四本の魚雷（炸薬量は二五〇〜三〇〇キログラム）が命中すれば、そのほとんどは生き延びることはできない。

昭和二〇年七月、アメリカ海軍の重巡インディアナポリスは、伊五八潜水艦によって沈められたが、この時には二本の魚雷が命中している。被雷から沈没までの時間は、資料によって異なるが三〇分前後と伝えられている。

これに対して高雄は同じく二本の魚雷を受けながら沈んでいない。ただし潜水艦の魚雷の威力については、日本海軍の方が多少大きい。

このように見ていくと、軍艦の損傷の度合、沈没の経過から防御力を判定しようとすることにはやはり無理がある。

また防御力の大きさ、沈みにくさといったものには数値化できない要素もまた多い。それは重巡洋艦に限ったことではないが、

○非常のさいの乗員の対応、練度の問題

○被害、損傷のさいの回復技術、いわゆるダメージ・コントロールの優劣である。

このダメージ・コントロール（海上自衛隊では〝ダメコン〟といっている）の技術に関しては、当時も現在もアメリカ海軍がより優れていた。

○日本海軍の場合＝副長が〝応急指揮官〟として、損傷の復旧に当たる。

○アメリカ海軍の場合＝巡洋艦以上では専門のダメージ・コントロール士官をおいていた。

この違いは戦時にこそ明確に表われる。激戦の最中に艦長が戦死し、かつ自艦が損傷を受けたケースを想定しよう。

この時、日本海軍では副長が戦闘を指揮しながら、その一方で被害の回復につとめなくてはならない。

しかし、どちらも甲乙つけ難いほど重要なことは言を待たず、そのためかえって手がまわらなくなる。

一方米海軍では、副長は戦闘を指揮し、ダメコン担当の士官は回復に全力を挙げればよい。

話が少々脇道にそれてしまったが、このような任務の分担が軍艦の能力を向上させるのではあるまいか。

またこれ以外にも艦艇の能力を示すひとつの指標に、乗員の数がある。

いわゆる条約型巡洋艦の条件、

基準排水量　一万トン以下

備砲の口径　八インチ以下

の中で、それぞれの乗員数を比較してみると、別表のようになる。

より一歩進めて、排水量一〇〇トン当たりの乗員数を計算すると、

高雄級	七・四名
A・ヒッパー級	一一・五名
ニューオルリンズ級	八・六名
ノーフォーク級	七・一名

となり、日、英の重巡の乗員数の割合は、米、独と比べてかなり少ない。

現在の軍艦、商船とも乗員をできるだけ減らそうとする傾向にある。しかし艦艇の戦闘力（ダメコン能力を含む）に関するかぎり、これは弱体化に直結するものと断言できる。実際の戦闘、あるいは艦自体が重大な損傷を受けたときには、乗員数は多ければ多いほど有利なのである。

結論

主砲の口径が七インチ（一八センチ）であったソ連の巡洋艦（キーロフ級など）を除くと、列強の重巡洋艦の能力はほぼ同じようなものであった。

しかしその一方で、こと攻撃力に関するかぎり日本海軍の重巡は圧倒的であった。

また運動性能のひとつの目安である出力排水量比も大きく、独、伊、米、英、仏より確かに優れていた。これは速力および機関出力からも明らかである。

一方、防御力、沈みにくさという点からは、アメリカ、ドイツの重巡が優れていたといえる。ただしドイツの重巡はわずか三隻（いずれもA・ヒッパー級）だけしか建造されず、戦没艦も一隻（ブリュッヒャー）のみなので、その能力ははっきりしない。

攻撃力、運動能力、防御力が戦車や戦闘機と同様に軍艦の三要素と考えると、このうちのふたつが抜きんでている日本海軍の重巡洋艦の評価はかなり高くなる。

その一方で、アメリカ、イギリス海軍が第二次大戦の中頃から、重巡洋艦という艦種に見切りをつけ、対空任務を重視した軽巡洋艦の大量建造に着手した事実を忘れてはならない。

沿岸砲撃任務を除くと、重巡の活躍する場面は世界中から消えつつあったのである。

この点からアメリカ海軍のアトランタ級（一二・七センチ両用砲一二～一六門、四

○ミリ機関砲一〇～二四門）対空巡洋艦は新境地を拓くものといわなくてはならない。

駆逐艦

小型ながら俊敏な運動性を誇る駆逐艦は、ある意味では戦艦を凌ぐ艦隊の花形である。

この運動性こそ、次々と落下する砲弾の水柱を縫うようにして敵の主力に接近し、必殺の魚雷を射ち込むためにはどうしても必要な能力といえる。

そして駆逐艦の運動性、機動性を示すには、わずかに次の数字を挙げるだけでよい。

戦艦大和　基準排水量　六万三八〇〇トン
　　　　　機関出力　一五万馬力
　　　　　出力排水量比　二・三五

駆逐艦陽炎　基準排水量　二〇〇〇トン
　　　　　機関出力　五・二万馬力
　　　　　出力排水量比　二六・〇

つまり排水量一トン当たりの機関出力は、大和の二・三五馬力に対し、陽炎は実にその一〇倍以上となる。流体力学の法則からいえば速力こそ二七ノット対三五ノットの差にすぎないが、運動性能は全く異なっているのである。

さて日本海軍の近代駆逐艦の歴史は、大正時代の末期からはじまっている。これがいわゆる〝特型〟で、これにより太平洋戦争終結までの基本が決定した。

それらは、

㈠ 二〇〇〇トン前後の排水量

㈡ 五万馬力の機関出力

㈢ 一二・七センチ（五インチ）連装砲とその砲塔三基（前部一基、後部二基）搭載

㈣ 六一センチ（二四インチ）魚雷発射管三連装三基搭載（のち四連装二基）

などである。

他国の海軍より大型で高威力の魚雷（別項参照）を持っていた日本海軍は、駆逐艦の魚雷兵装の充実に力を注いだ。

これはなんといっても、明治三八年の日本海海戦のさいの戦訓によるところが大きい。

戦艦群の砲撃により大損傷を受けたロシア艦隊に対し、日本海軍の駆逐艦、水雷艇

（小型の駆逐艦）が壮絶な接近戦を挑み、魚雷によってその大半を撃沈したのである。

それ以後太平洋戦争の前半まで、日本海軍は駆逐艦隊による魚雷攻撃に大いなる期待を持ち続けていた。

搭載している五インチ砲の威力もまた、アメリカのそれをはるかに凌駕している。日本の五インチ砲の口径（砲身長比）は五〇（つまり砲身の長さは六・三五メートル）で、アメリカの三八口径（四・八三メートル）より三〇パーセントも大きい（長い）。

（注・砲身長比については戦艦、巡洋艦の項を参照されたい）

つまり日本海軍の駆逐艦は、攻撃力に関するかぎり、欧米をはるかに上まわっていたのである。

太平洋戦争直前から、本命とも言える陽炎型一八隻、その改良型である夕雲型二〇隻が続々と就役する。

このふたつのタイプはほとんど同じで、三八隻合わせて甲型と呼ばれることもある。

しかしここでは実質的に戦力の中心となった陽炎型について話を進めていこう。

陽炎型はスタイル、性能と、どの面から見ても最高水準の駆逐艦と言えた。

アメリカ海軍のベンソン級

魚雷戦を重視した駆逐艦、陽炎型（上）と、対水上、対空両用の主砲や40ミリ機関砲など航空戦に対応できたベンソン

イギリス海軍のトライバル級
ドイツ海軍の一九三六年型
のいずれと比較しても遜色はない。

三五ノットの速力について、もう二、三ノット向上させるべきだ、という声もあったようであるが、これも当時の戦艦が二七ノット程度であるから、特に不足とも思えないのである。事実、陽炎型の各艦は戦争の前半、南太平洋においてその実力を遺憾なく発揮した。

しかしながら、中期以降、航空機を中心とした戦いになるといくつかの弱点が露呈する。

まず得意とする魚雷を使用するような形の海戦が、ほとんど発生しなくなってしまったことである。

防空、対空能力にすぐれていた駆逐艦秋月型（上）と、高性能ではなかったが、建造が簡単で信頼性がたかかった松型

昭和一九年に入ると、水上艦同士の戦闘はきわめて少なくなり、魚雷は無用の長物となった。それだけではなく、敵の航空攻撃のさいには、その爆発力が大きいだけにかえって危険でさえあった。陽炎型は甲板上に八本の魚雷を積んでいるので、万一これが爆発すれば駆逐艦そのものが吹きと

んでしまうのである。
また水上艦同士の戦いとなれば大きな威力を発揮する五インチ砲(C型砲と呼ばれていた)も、対空射撃能力はきわめて低かった。仰角が小さく、そのうえ砲弾の装塡に手間がかかり、実際の対空戦闘は不可能といえた。
一方、アメリカの五インチ砲ははじめから対空戦闘を考えたいわゆる〝両用砲〟(対水上、対空両用)となっている。
その他の対空火器についても、
陽炎型　二五ミリ機関砲　四門
だけとなっていたが、
ベンソン級　四〇ミリ機関砲　四〜八門
二〇ミリ機関砲　八門
と、きわめて強力であった。
(注・タイプ、製造時期によって異なる)
また同級の後期型は、五インチ砲塔一基を撤去し、そこへ四〇ミリボフォース対空機関砲四門を増設して、日本軍機への阻止力を高めている。
同じ甲型駆逐艦でも夕雲型は主砲の仰角を増し、高射砲としても使えるように改良

大戦前半の各国の主要な駆逐艦

要目・性能＼クラス名	陽炎型	1936年型	ベンソン級	トライバル級	ル・アルディ級	ソルダティ級	グネブタイ
	日本	ドイツ	アメリカ	イギリス	フランス	イタリア	ソ連
基準排水量　トン	2000	1810	1620	1870	1770	1770	1860
全長　m	119	119	106	115	117	107	113
全幅　m	10.8	11.8	11.0	11.1	11.1	10.2	10.2
吃水　m	3.8	3.8	3.1	2.7	4.2	3.5	4.0
軸数	2	2	2	2	2	2	2
出力　$\times 10^4$ HP	5.2	7.0	5.0	4.4	5.8	4.8	4.8
速力　ノット	35	38	30	36	37	38	37
航続力	900	620	910	1340	810	1080	1120
主砲口径　cm×門数	12.7×6	12.7×5	12.7×5	12.7×8	13×6	12×5	13×4 7.5×2
対空砲口径　mm×門数	25×4	37×4	40×4	40×4	37×2	13×12	45×2
魚雷兵装　直径cm×発射管数	61×8	53×8	53×8	53×4	55×7	53×6	53×6
出力排水量比HP/トン	26.0	31.4	30.9	23.5	32.8	28.2	25.8
乗員数	240	310	250	220	210	190	250
1番艦の竣工年度	1939	1940	1940	1938	1940	1939	1937
同型艦数	17	15	31	15	11	17	46

注・航続力は一応の目安として（タンク容量/機関出力）×10^2 で算出。

された。それでもなお単位時間あたりの発射回数は大きくできず、対空能力は低いままであった。

対空火器が弱体であったことに加えて、日本海軍の駆逐艦のもうひとつのマイナス面は対潜水艦探知・掃討能力の不足である。これは駆逐艦自身よりも搭載機器の能力とも言い得るが、それでもなおこの分野の戦闘は不得手といってよい。

また機器だけではなく乗組員の技量も充分ではなかった

のである。

大戦中期以後のアメリカ、イギリス駆逐艦は優秀なソナー（音波探信機）、威力の大きな対潜兵器（爆雷、対潜ロケット・ヘッジホッグ）などを活用し、日本、ドイツの潜水艦を撃沈していった。

これに対して日本の駆逐艦は、本来敵の大艦隊に向かって魚雷攻撃を行なう任務ばかりが強調され、充分な対応はできなかった。

昭和一八、一九年に入ると、

対空戦闘　秋月型防空駆逐艦

対潜掃討　松型（丁型）駆逐艦

が登場し、このいずれもが個々の戦闘分野では甲型を凌ぐことになる。

秋月型は主砲として高性能の一〇センチ高射砲（九八式）八門を搭載した本格的な〝防空艦〟で、いってみれば現在のイージス（巡洋／駆逐）艦に当たる。排水量二七〇〇トンと軽巡洋艦に近い大きさで、速力こそ三三ノットと少々低下しているものの、防空、対空能力は陽炎型より数段優れていた。

一方、一三〇〇トンの〝簡易駆逐艦〟とも呼ぶべき松型については、見かけ上の性能から見るかぎり低いと言わざるを得ない。機関出力は一・九万馬力で速力は二七ノットにすぎず、また船体、兵器の類も簡単に製造できる手抜きの軍艦のように思える。

しかし戦争の激化と共に誕生した簡易駆逐艦は、実戦においては用兵者が驚くほどの性能を発揮した。たしかに低性能ではあるが、扱い易く、対空、対潜水艦戦闘のどちらにでもなんとか対応できるのである。

この状況を知ると、戦時にあって兵器というものは必ずしも高性能を追求する必要のないことがわかる。建造、製造が簡単で、信頼性が高く、また取り扱いが楽であれば、ごく平凡な性能で良いのである。

この面から松型駆逐艦はきわめて頼りになる存在と言えたのであった。

結論

日本海軍の主力駆逐艦はあまりにも魚雷攻撃を重視して設計されたため、戦争の様相が航空戦、潜水艦戦に移ったとき、全く対応できなかった。しかしそれは駆逐艦の責任ではなく、設計者、用兵側の先見性のなさによるものである。

たしかに戦争の前半を見れば、日本駆逐艦の優秀さは誇るべきものとも言えるが、変化への適応という点からは米、英に立ち遅れていた。

唯一の救いは前述の秋月、松型である。比較的早い段階、

秋月型では昭和一四年
松型では同一七年
から設計が開始され、それぞれ一七年、一九年には戦線に投入することができた。
そして両級とも敗色濃い太平洋において、期待以上の働きをするのである。
このように見ていくと、兵器を設計するさいにもっとも大切なのは、将来を見通す力であるような気がする。また同時に、それ以前の戦争の経験や戦訓が必ずしも役に立つとは限らないことも事実である。
太平洋戦争における駆逐艦は、このふたつの事柄を我々に残してくれたような印象さえ受けるのであった。

潜水艦

太平洋戦争中に日本海軍は航洋型潜水艦を一三一隻投入し、そのうちの一二七隻（九七パーセント）を失っている。航洋型とはあまり聞き慣れない言葉だが、大洋においていて作戦可能という意味である。

先の数字を見るかぎり、日本の潜水艦部隊はまさに全滅に近い状況まで闘ったといえよう。

ところでこの潜水艦とその部隊の評価であるが、

○造艦、運用の技術面では極めて優秀であったが、用法を誤り、充分な戦果を挙げ得なかった

○あまりに大型、かつ隠密性に欠け、有効に働けなかった

というふたつの意見がある。

潜水艦の数に対して戦果が少なかったとの分析は一致しているのだが、造艦技術、潜水艦自体の性能についての評価は真っ二つに分かれる。

日本海軍の潜水艦は各種の潜航艇を除くと、小型（排水量一〇〇〇トン未満）の呂号（ロ号とも書く）、より大きな（一〇〇〇トン以上）伊号（イ号とも書く）に分類される。

それぞれの要目、性能は例のごとく別表に掲げるが、面白いことに各国の航洋型潜水艦と比較すると、

イ号　排水量は最大

ロ号　　　　　最小

となった。

アメリカと日本以外の列強各国海軍の戦いの場は、大西洋、地中海、バルト海、黒海などで太平洋と比べるとかなり狭い。したがってイ号より少々小型の潜水艦が主力となるのは当然である。

実際、日本のイ号、アメリカ海軍のガトー級の航続力は、他国の潜水艦を大きく凌いでいる。ガトー級に至っては実に一万海里以上にわたって航行することができた。

また日米潜水艦のもうひとつの特長は水上速力の大きなことであり、いずれも二〇ノットに達する。特に海大六型、七型（海軍大型）、甲、乙、丙型は二三ノットを発揮し、世界でもっとも速い航洋型潜水艦といえる。

この役割はなんといっても主力艦隊に随伴し、敵艦隊（主として戦艦部隊）の撃滅にあった。

しかしこのような目的を達成する機会はほとんど訪れず、わずかに昭和一七年六月のミッドウェー海戦におけるアメリカ空母ヨークタウンの撃沈（伊一六八　海大六型）のみとなっている。かえってアメリカ海軍の潜水艦隊はこの任務を見事にこなしており、昭和一九年一〇月のフィリピン諸島をめぐる海戦のさい、日本艦隊の重巡洋艦部隊に大損害（沈没二隻、大破一隻）を与えている。

本書の主題は日本軍の各種の兵器を欧米のそれと比較検討することであるが、潜水艦に関するかぎり、別の見方をせざるを得ない。

なぜなら日米の潜水艦の戦果と損害は――個々の艦の性能ではなく――戦術の選択の相違、戦争と兵器というものに対する考え方の差に起因してしまうからである。

さて航洋型の潜水艦については、太平洋戦争中の日米の保有数がもっとも均衡していた兵器と言える。

日本海軍の一三一隻に対し、アメリカ海軍の潜水艦は約二五〇隻であり、このうち太平洋に投入されたものは一九〇隻前後である。しかしながら戦果と損害を見ていくと、

○アメリカ潜水艦の戦果

戦艦一隻　空母六隻　巡洋艦など一〇隻

商船／輸送船　約一〇〇〇隻　五〇〇万トン

潜水艦の損失　約六〇隻

○日本潜水艦の戦果

戦艦なし　空母二隻　巡洋艦など三隻

商船／輸送船　約五〇隻　三〇万トン？

潜水艦の損失　約一三〇隻

となる。

（注・戦果、損失とも数え方によって数値はかなり変動する）

つまり概要として、

『アメリカ海軍の潜水艦隊は、ほぼ同じ戦力であった日本海軍の一〇倍の戦果を挙げ、かつ損失数は逆に半分であった」

と判断できる。

そしてこれだけの差が生じた原因は、前述のとおり兵器の能力の違いではなく、次の事柄に収束される。

㈠　戦術

日本海軍は攻撃目標を敵の軍艦に絞りすぎた。つまり戦力とはそのまま敵の艦隊と考えていたのである。

一方アメリカは、戦力の定義をより広い範囲まで広げ、輸送、補給の遮断に力を入れた。

潜水艦の側から見れば、敵艦隊よりも輸送船団の方がはるかに攻撃し易く、いいかえれば危険が少なく、大きな戦果を挙げることができるのである。

㈠　製造した種類

日本の航洋型潜水艦の種類は数え方にもよるが、数十種にのぼる。大別しても、

一〇〇〇トン級の呂号

二〇〇〇トン級の伊号

三五〇〇トン級の伊四〇〇型

と三種を同時に造っている。

アメリカは戦争勃発と共に一五〇〇トン級のガトー級に絞り込み、これだけで二〇〇隻を建造している。第二次大戦中、実戦で活躍したアメリカ潜水艦のほとんどが、このガトー級なのである。

いったん大戦争となれば、兵器自体の性能よりも数の大小が勝敗を決する。この事実をアメリカと共に理解していたドイツ海軍は、ⅦC型Uボートに重点をおき、実に七〇〇隻を完成させている。

つまり、一にも二にも数を揃えることに全力を注ぎ、潜水艦についてはアメリカの五倍、日本の一一倍を建造したのであった。

日本海軍は開戦後も次々と潜水艦の改良を行ない、多種多様の艦を誕生させ続けた。これが結局、建造のペースを大幅に下げることに繋がってしまった。

各国の代表的な潜水艦

要目・性能 ＼ クラス名	呂35型	海大7型	ⅦC型	アデュア級	ガトー級	T級	アウロア級	S改型
	日本	日本	ドイツ	イタリア	アメリカ	イギリス	フランス	ソ連
排水量（水上）トン	960	1630	770	680	1530	1090	890	860
排水量（水中）トン	1450	2600	850	850	2420	1580	1170	1090
全長 m	80.5	106	66.5	60.2	95.0	83.8	73.5	77.8
全幅 m	7.1	8.3	6.2	6.5	8.3	8.1	6.5	6.4
吃水 m	4.1	4.6	4.7	4.7	4.6	4.5	4.2	4.1
出力（水上）HP	4200	8000	2800	1200	5400	2500	3000	4000
出力（水中）HP	1200	1800	750	800	2740	1450	1400	1100
速力（水上）ノット	19.8	23.1	17.0	14.0	20.0	15.5	14.5	18.9
速力（水中）ノット	8.0	8.0	7.5	7.5	10.5	9.0	9.0	8.8
航続力（水上）海里	16ノット 5000海里	16 8000	12 6500	—	10 11000	—	10 5600	—
航続力（水中）海里	5ノット 45海里	5 50	4 80	—	2 96	—	5 85	—
潜航深度 m	80	80	120	—	120	90	80	80
魚雷発射管数	4	6	5	6	10	10	9	6
搭載魚雷数	10	12	11	—	12	17	10	12
砲口径 cm	8.0	12.0	8.8	10.0	12.7	10.2	10.0	10.0
乗員数	80	86	44	45	80	61	44	45
1番艦就役年度	1943年	1942	1940	1936	1941	1938	1940	1937
同型艦数	17	9	410	16	220	50	7	60

特に材料、建造の手間からいって呂号潜水艦一〇ないし一五隻に相当するといわれた伊四〇〇型（水中排水量は実に六五〇〇トン）など、とても戦時に造るべきものとは思えない。いわゆる〝費用対効果〟といった面からは最低と評価すべき巨大潜水艦

長大な航続力と、偵察機を搭載した反面、任務を敵艦隊の撃滅に限定したイ号潜水艦（上）、最初から量産向きとし、主に通商破壊戦に使用されたガトー級（中）とUボート（下）

なのであった。

結論

戦争のまっ只中に日本海軍は、ほとんど無傷のアメリカ潜水艦を徹底的に調査するという望外の幸運を手にすることができた。

一九四四年一〇月二五日、ガトー級潜水艦ダーターは、フィリピン南西部パラワン狭水道の近くで完全に座礁してしまった。

乗員は友軍の艦艇に救助されたものの、艦体はそのまま放置される。

これを知った日本海軍は技術士官を派遣してダーターを調べる。当時としては、もっとも重要な兵器であったレーダーはアメリカ兵の手で破壊されていたが、艦体、機関、各種システムは手つかずの状況であったらしい。

そして三日間にわたった日本側の調査の結論としては、

「各部の工作精度が高いことを除けば、日本軍の潜水艦とあらゆる面で大差はない」

というものである。この事実からして、日米の潜水艦技術はほぼ同等と見てよいのではあるまいか。

ただし次の諸点に関しては、アメリカの潜水艦に劣っていたことを忘れてはならない。

㈠　潜航可能深度

日本潜水艦の潜航可能な深度（約八〇メートル）は、ドイツ、イギリスの潜水艦とほぼ同じであった。また日本の技術陣は任意の潜航深度を容易に維持できる自動懸吊装置を開発し、これは非常に好評であった。

しかしアメリカのガトー級、その改造型であるバラオ級などは一二〇〜一三〇メートルまで潜航することができ、この点からは他国を大きく引き離していたようである。隠密性から見るかぎり、潜航可能な深度は大きい（深い）ほど有利である。

㈡　水中騒音

潜航中の潜水艦を発見する手段は、

○音波を発信し、その反響による音波探信（アクティブ・ソナー）
○たんに水中からの音波を探る聴音
○地磁気の変化を読みとる磁気探知

などがある。

ソナーの性能が進歩した現在にあって、潜水艦の発する騒音（主としてエンジン、スクリューからの音）については、小さいことが必須の条件である。

当時でも水中騒音の大小は、そのまま潜水艦の運命に繋がった。日本の技術陣は——工作精度の低さもあったであろうが——この点をあまり重要視しなかったようである。

戦争中、ドイツのブレスト軍港まで一万五〇〇〇海里の大海原を越えてやってきた日本海軍の潜水艦（伊八潜）を見たドイツ海軍のエンジニアは、航海技術を称賛すると共に、騒音の大きさに驚いたと伝えられている。すでに大西洋においては、音の大きな潜水艦はそれだけで生き延びられない状況に立ち至っていたのであった。

㈢　レーダー

連合軍が一九四〇年末から使用しはじめたレーダーの効果は、潜水艦の分野においても大きかった。迅速に目標を発見するだけではなく、自艦の危険を事前に察知できるという面からも、優秀なレーダーを装備していなかった日独潜水艦の不利は免れない。

新兵器レーダーの有無は、潜水艦自体の性能とは無関係に、戦いの勝敗を決めてしまったのであった。

その他　航空機搭載の是非

日本海軍の大型潜水艦の一部（巡潜二型伊六、甲型伊九型、乙型伊一五型など）は、水上機（零式小型水上偵察機）一機を搭載し、偵察などに活用している。潜水艦において航空機を本格的に運用したのは世界でも日本海軍だけであった。

ただしこれをどのように評価すべきかはっきりしないが、一応拙著『日本軍の小失敗の研究正編』「潜水艦と航空機の組み合わせ」の項を参照いただきたい。

その他の艦艇の評価

一、魚雷艇

これまで各国の戦艦、空母、巡洋艦、駆逐艦、潜水艦といった海軍の主要な艦種を比較してきたが、これ以外に比べるとするとどんな艦艇を取り上げるべきであろうか。

上陸作戦、撤退作戦になくてはならない上陸用舟艇、揚陸、艦船団護衛に欠かせない海防艦、フリゲート、コルベット艦の類、機雷戦における敷設艦、掃海艇など、触れておかなくてはならない軍艦も多い。

しかしあまりに種類を増やすと焦点が絞り切れなくなる恐れも出てくるので、ここでは列強海軍がその育成に努力し、また戦闘に多数を投入していながら、わずかに日本軍だけがこれに関心を示さなかった兵器を取り上げてみよう。

それは二〜四本の魚雷を搭載し、高速で攻撃、退避を行なう魚雷艇である。

第二次大戦において日本以外の英、米、独、ソ、伊の五ヵ国の海軍は、小型高速の魚雷艇をそれぞれの戦域に送り込み、思う存分活躍させた。

○イギリス　MTB　モーター・トーピード・ボート　機動魚雷艇
○アメリカ　PT　パトロール・トーピード　哨戒魚雷艇
○ドイツ　Sボート　Sはシュネル・魚雷の頭文字　魚雷艇
○ソ連　GSなど
○イタリア　MS　モト・シルランチ　魚雷艇

といった小艇である。

詳しい要目は別表に示すが、排水量一〇〇トン以下、速力三〇〜四〇ノット、魚雷二〜四本、乗員一〇〜二〇名程度となっている。

また航続力は数百キロで、耐波性からみても大洋で使われるものではない。

もちろん、魚雷艇の攻撃力も限られていてこの艇種だけで敵の大艦隊を撃滅することなどとうてい不可能である。

しかしそうは言っても戦う海域あるいは状況によっては、きわめて大きな力を発揮

する。魚雷艇が得意とするのは、
○島や浅瀬が多く、複雑な海域
○暗夜、降雨
などの状態のもとでの戦闘である。したがって前記五ヵ国の魚雷艇は、英仏海峡、エーゲ海、イオニア海、黒海、ソロモン諸島といったところに、まとめて投入されている。その数は一時的にみれば最大でも四、五〇隻と決して多くないが、相手側から見ればともかくやっかいな相手なのである。

昼間はカムフラージュ（偽装）をほどこし、島陰や入江に身を隠している。そして夕闇が迫り、偵察機の活動が制限される頃を見はからって出撃し、敵のやってきそうな場所に待機する。このさいエンジンを停止して、気づかれないように漂泊する。

いったん敵を発見すると、すぐさまエンジンを全開にして突進、魚雷はもちろんのこと機関銃・砲で攻撃する。

歴戦の艇長たちは、複数の方向から同時に襲いかかるのを常とした。速力が大きな駆逐艦ならばこの攻撃をかわすことも出来ようが、鈍重な輸送船は全く無力である。

英仏海峡におけるイギリスの沿岸輸送船団
ソロモン海における日本の大発船団

エーゲ海におけるドイツのバージ船団は各国の魚雷艇隊によって大損害を被った。

(注・大発とは大型発動機艇の略称で、代表的なものは全長一四メートル、排水量二〇トン、速力八ノットであった)

コンボイには多くの護衛艦がついてはいたが、それでもしつこい蠅のように襲ってくる小艇の群れを完全に阻止するのは難しいのである。

排水量からみると魚雷艇は、駆逐艦の一五〜二〇分の一、全長では四〜五分の一である。このような小さな船が三、四〇ノット(五五〜七五キロ/時)という高速で接近してきたら、ほとんど対抗手段がない。

駆逐艦の主砲である四インチ、五インチ砲でも捕捉は難しく、せいぜい機関銃しか使用できない。特に夜間、降雨といった気象条件のもとでは、攻撃側のなすがままである。

そのうえ魚雷艇の艇長たちは戦場に長く留まるような愚は犯さなかった。主要な攻撃力である魚雷の搭載数はわずかに二ないし四本であるから、これを発射し終わったら、全速で退避に移る。

まさに一撃離脱、ヒット・エンド・ランが彼らの身上であった。

この戦術により南太平洋の日本海軍はさんざん煮え湯を飲まされたのである。

これにより日本海軍はようやく重い腰をあげ、魚雷艇の開発、建造に取りかかったが、

○開発時期が遅すぎ
○性能についてもあまりに低いまま

に終わってしまった。

日本海軍の開発した魚雷艇には、

大型の甲型六〇〜八〇トン　魚雷四本　機関銃一〜二梃
小型の乙型二〇〜三〇トン　魚雷二本　機関銃一梃

などがあるが、いずれも適当なエンジンを入手できなかったため、速力が著しく低くなっている。

列強海軍の魚雷艇はいずれも三〇ノット以上、ほとんどが三五ノットを発揮しているのに対して、わが国のそれはせいぜい二七ノットであった。

主力となるはずの乙型については、わずか二一ノットにすぎなかった。これでは魚雷艇というよりも、魚雷運搬艇といった方が当たっている。

日本海軍の魚雷は、戦争の前半にあっては連合軍のものよりもはるかに優れていた。

各国の高速魚雷艇

要目・性能 ＼ クラス名	乙型 220号 日本	Sボート S38級 ドイツ	MS・I 型 イタリア	エルコ 80 アメリカ	ボスパー 21m イギリス	G5 級 ソ連
排水量　トン	24.5	93.0	62.4	38.0	37.0	16.5
全長　m	18.0	35.0	28.0	24.4	22.1	17.3
全幅　m	4.3	5.3	5.0	6.3	4.9	3.4
吃水　m	0.7	1.7	1.4	1.5	1.2	0.8
機関出力　HP	1200	6000	3450	4050	4000	1250
速力　ノット	21	39	35	40	40	45
搭載魚雷　本	2	2	4	2〜4	2	2
他の兵装	13mmMG ×1	20 ×2	20 ×2	12.7×4 20×1	7.7×4 20×1	7.9 ×2
出力排水量比 HP/トン	49.0	64.5	55.3	106.5	108.1	75.8
制式年度	1943年	1940	1941	1941	1942	1936
建造数　隻	63	90	18	320	24	190

注・MGは機関銃を示す。

主要な武器が優秀であったことは間違いないのだが、その〝プラットホーム〟があまりに貧弱だったのである。

すでに述べたとおり、日本の駆逐艦は始めから終わりまで雷装（魚雷）重視であった。それがいわゆる「駆逐艦の進化」を明らかに阻害していた。

結論から言えば、魚雷攻撃という戦術の一部を魚雷艇にまかせればよかったのである。

そして優秀な魚雷を搭載した数十隻の魚雷艇を、ガダルカナル戦勃発（昭和一七年八月）直後のソロモン海域に送り込めば、その後の戦局を少なからず変えることも可能であったと推測できる。

日本海軍は、明治三八年（一九〇五年）の日本海海戦の再現のような大砲撃戦の実

開発した時期が遅く、失敗に終わった乙型魚雷艇（上）、船団攻撃や偵察など、多様な任務に使用されたエルコ80フィート型（中）、各国の魚雷艇中、最大であったＳボート（下）

現に夢を馳せていたが、アメリカ、イギリスは一方で大艦隊を造り上げるかたわら魚雷艇部隊の編成を怠らなかった。

残念ながらここにも彼らの先見性が、はっきりと見てとれるのである。

また日本海軍が魚雷艇の開発に力を注がなかった理由のひとつに、海軍士官の眼が常に主力の戦艦、空母に向いていたことも挙げられよう。

海軍の戦力としては地味な裏方に当たる魚雷艇や機雷戦艦艇はほとんど無視され、戦争がはじまってからでさえ戦力化が遅れてしまった。また開発が始められたあとでも、本格的に取り組んだという感じはなく、最後まで軽んじられたまま敗戦を迎えるのであった。

二、強襲揚陸艦

魚雷艇に次いで、わが国が世界に先駆けて建造した特殊船について言及しておく。

他の項目と異なり、列強の兵器と〝比較検討〟しているわけではないことを、まず最初におことわりしておきたい。したがって本来なら取り上げるべきではないのかも知れないが、それでもなお記載した理由については追々明らかになる。

日本の陸海軍はこれまで述べてきたとおり種々の優れた兵器を開発、実用化してきたが本来の意味での「オリジナル兵器」なるものは決して多くない。特に陸軍については、皆無に近いと言い切っても、それに対する反論もないはずである。

ここで紹介する船〝神洲丸〟は陸軍が開発した特殊船で、まさに世界で初めてきわめて限定された任務のために建造されている。

その任務とは、一口に言えば、〝強襲揚陸 Assault Landing〟である。

敵地に味方部隊を上陸させるわけであるが、たんにそれだけではなく、その船自体がある種の攻撃力を持っている。この意味から、揚陸の前に〝強襲〟の文字がつけられている。

現在、アメリカ、イギリス、フランスはこの種の揚陸艦を多数保有し、実に有効に活用している。その船の特徴は、

○日頃から陸上戦闘部隊を乗船させている
○戦車などのＡＦＶ（装甲戦闘車両）を搭載している
○専用の上陸用舟艇を持ち、独自に揚陸作業が可能である
○上陸作戦を支援できる航空機を持つ

などである。

つまりある程度、敵軍の抵抗があると思われる地点に対しても、独自に上陸作戦を

遂行できるだけの能力を有しているといってよい。

最新兵器の開発、保有とは縁の薄かった日本陸軍であるが、昭和七年の上海事変の教訓を踏まえ特殊船神洲丸を建造した。

本船こそがすでに述べたとおり史上初の強襲揚陸艦（船）であった。排水量七二〇〇トン、全長一四四メートル、全幅二二メートル、機関出力七五〇〇馬力、速力二〇ノットがその要目、性能である。

当時としてはかなり高速で、それ以外にはごく平凡な軍用船のように思えるが搭載しているのは、

○戦車を載せることができる大型発動機艇　二九隻
○物資、兵員輸送用の小型発動機艇　二五隻
○五七ミリ砲装備の砲艇（装甲艇）　一隻
○偵察用の高速艇（甲型）　一隻
○九一式戦闘機　六機
○九七式軽爆撃機　六機

であった。

つまり上陸作戦に必要な舟艇（兵員、戦車も）、支援に欠かせない戦闘機、爆撃機さえ載せている。

現在の強襲揚陸艦も全く同様で、各種の上陸用舟艇の他、戦闘機のかわりにＶＴＯＬ（垂直離着陸機）戦闘攻撃機ハリアーを積んでいることは広く知られている。

神洲丸の場合、航空機はカタパルトで射ち出し、回収、帰還は陸上の基地にまかせる方式を採用していた。ただしこれは試験を行なっただけで、運用はされなかったと伝えられている。

それにしても神洲丸によって具体化された強襲揚陸艦という構想は素晴らしいものであった。アメリカ、イギリスは第二次世界大戦中にこの種の揚陸艦を次々と就役させるが、それはいずれも昭和一七年以降のことになる。

これに対して神洲丸の竣工は昭和九年一一月であって、約八年も早い。同艦は、

日中戦争（第二次上海事変　昭和一二年）

太平洋戦争（マレー、ジャワ上陸作戦）

でその真価を発揮した。

ともかく、はじめから自艦が搭載している上陸用舟艇を思う存分活用できるのであるから、他の輸送船とは効率の面から大差がある。これに加えて神洲丸にはそれぞれ

四門の高射砲と高射機関銃が装備され、船体の一部には装甲板まで取り付けられていた。

この点からも〝強襲〟の名に恥じないといってもよい。この特殊船こそ、日本の陸軍が欧米をはるかに引き離して保有できた最新の兵器なのであった。

（注・神洲丸は別名MT船、GL船とも呼ばれている。また龍城といった名もあった。これは同船の任務を秘匿する目的のためと伝えられている）

主な艦載兵器

一、戦艦、重巡洋艦の主砲

艦載砲の能力を比較する要素は、

㈠ 砲の口径
㈡ 砲身長比
㈢ 砲弾重量と炸薬量
㈣ 単位時間当たりの発射速度（回数）
㈤ 射程

㈥　初速度
㈦　命中精度

など、いろいろと考えられる。

しかしそれらを厳密に判定するには、どのデータを用いるかといった問題もあり難しいのが現実である。

例えば――、
○戦艦大和の一八インチ砲　砲弾の重量一・四六トン　射程三五・六キロ
○戦艦アイオワの一六インチ砲　砲弾重量一・二三トン　射程三三五キロ
という数字を見たとき、前者の主砲の威力がかなり大きいことはすぐにわかる。その一方で単位時間当たりの発射回数を調べてみると、
一八インチ砲　九〇秒に一回
一六インチ砲　六〇秒に一回
となる。つまり初弾発砲から一〇分後の発射弾数は、
一八インチ砲　六発
一六インチ砲　一〇発
であるから、必ずしも前者が有利とは言えないのである。

次に、八インチ砲搭載の重巡洋艦と六インチ砲搭載の軽巡洋艦の砲撃力を比べてみよう。

○日本の高雄級　八インチ砲　連装砲塔五基　一〇門

ならば、あらゆる軽巡に勝てそうだが、

○青葉級　八インチ砲　連装砲塔三基　六門

○利根級　八インチ砲　連装砲塔四基　八門

に対して、

○アメリカのアトランタ級　五インチ砲　連装砲塔八基　一六門

○イギリスのフィジー級　六インチ砲　三連装砲塔四基　一二門

などが接近戦を挑んできたら、勝利はどちらの側に転がり込むのであろうか。

重巡、軽巡とも艦橋構造物の装甲の厚さはたかが知れたものであるから、五、六インチ砲弾によっても大損害を受ける。

そのためアトランタ級の一六門から発射される五インチ砲弾、フィジー級の一二門からの六インチ砲弾も充分な脅威と考えなくてはならない。

軍艦というものは、たとえ艦体（船体）あるいは機関の損傷が小さくても、上部構造物が目茶目茶に破壊されれば機能を完全に喪失するのである。

このように考えていくと、主砲の威力をベースとした戦闘力の比較が困難なことも理解できよう。

ただし戦艦、重巡洋艦の主砲については、ひとつだけはっきりしている事柄がある。

㈠　戦艦の主砲の砲身長について

○日本戦艦の一八インチ、一六インチ、一四インチ砲の砲身長比は全部四五

○アメリカの新型一六インチ砲（Ｍｋ２）は五〇　一六インチ、一四インチ砲は四五

○イギリスの戦艦　すべて四五、あるいは四二

○ドイツの一五インチ砲は五二

○イタリアの一五インチ砲は五〇

○フランスの一五インチ砲は四五

となる。したがって戦艦の主砲の威力に関してはやはり、大和の一八インチ砲、アイオワの一六インチ砲が図抜けて大きい。

㈡　重巡洋艦の八インチ砲の砲身長比について

○日本、イギリスをはじめほとんどが五〇

○唯一アメリカの八インチ砲Ｍｋ５が五五

である。

すでに述べたとおり、小銃から戦艦の主砲まで砲身長比は大きければ大きいほど良い。

それは初速度、命中率、射程とも砲身長比に依存するからである。

これらの要素から見るかぎり、やはり戦艦、重巡の主砲ではアメリカ製の兵器が優れていると考えられる。

二、魚雷

水面下を高速で疾駆し、敵艦を瞬時に沈没させる魚雷（かつては魚形水雷と呼ばれていた）は、対艦ミサイルが登場するまで軍艦にとってもっとも恐ろしい兵器であった。

また魚雷は敵の戦艦を撃沈できる唯一の兵器でもある。

日本海軍はこれに力を注ぎ、第二次大戦において最優秀の魚雷を保有して闘うことができた。魚雷発射のプラットホームとしては、
○水上艦　巡洋艦以下魚雷艇まで
○潜水艦
○各種航空機

があるが、一部には陸上発射型も存在した。

しかしこのいずれも本質的には同じものである。

推進は石油燃焼エンジ、電気モーターなどによって行なわれるが、日本海軍は酸素を媒体とする高性能の魚雷を開発した。

日本戦艦の36センチ砲（上）と、重巡の20センチ砲（下）——実戦においては長砲身、発射速度の速い砲が望まれていた

また他国の海軍は直径五三センチの魚雷を使っていたが、日本のそれは六一センチで炸薬量もずっと多い。

それだけではなく別表に示すごとく、速力、射程も大きかった。

魚雷に関するかぎり、日本の技術は他国を少なからず引き離していたと言い得るのである。

三大海軍の魚雷

要目・性能 ＼ 名称	九三式 水上	九五式 潜水	Mk 8 水上	Mk 14 潜水	Mk 9 水上	Mk 12 潜水
	日本	日本	アメリカ	アメリカ	イギリス	イギリス
直径 cm	61	53	53	53	53	46
重量 kg	2810	1670	1830	830	1690	700
炸薬量 kg	500	270	320	140	340	180
射程・速力1	36/40	—	33/26	—	35/14	—
射程・速力2	50/22	49/5.5	40/12	33/8.2	40/10	40/1.5
制式年度	1933年	1935	1931	1932	1930	1936

注・水上は水上艦用、潜水は潜水艦用を示す。航空用は潜水艦用に準じている。36/40は速力36ノットで40kmの射程を表わす。

しかし戦争の後半になると、そうとばかりも言っていられなくなってくる。アメリカ海軍の電気式魚雷（特に潜水艦発射型Ｍｋ12など）は、日本の九五式を上まわる性能を発揮しはじめた。

またドイツ海軍は、敵艦のスクリュー音を追尾するＴＳ、ジグザグに走り、敵艦に命中するＦＡＴなどといった新しい魚雷を次々と実用化している。

これに対して魚雷自体の性能は高かったものの、日本海軍の場合はこのようなホーミング装置、誘導装置を全く開発できないままに終わった。

大西洋の闘いでは、すでに誘導される魚雷でないと、戦果を挙げられない時代になっていたのである。

この意味から、日本海軍のもっていた魚雷も、もはや旧式化していたという他ない。

魚雷発射の瞬間——日本の61センチ魚雷は、射程、炸薬量ともに高水準であったが、照準は誘導式に移行していった

三、対潜兵器

大戦中期以降、太平洋においてはアメリカ潜水艦の跳梁が著しくなり、日本海軍の艦艇、輸送船団は大打撃を被る。

なかでも中国大陸から南へ送られる兵器、人員、逆に南から日本へ向かう各種原料を満載した輸送船団は米潜によりその大部分が沈められるという有様であった。

これに対して日本海軍の対潜掃討はほとんど効果がなく、かえって対椿用艦艇までが次々と撃沈されてしまうのである。

㈠　対潜水艦戦闘には、

敵潜の存在を探知するシステム

㈡　敵潜を攻撃するシステム
のふたつが共に優れていなければならないが、日本海軍の場合、このどちらも貧弱というしかなかった。

㈠についてアメリカ、イギリスは——初期にドイツのUボートに徹底的に痛めつけられたこともあって——優秀なソナー（音波探信機）、水中聴音器、磁気探知器の開発および実用化に全力を挙げている。また航空機から投下して敵潜水艦の音を聴くソノブイも、一九四四年から使用している。

日本海軍もソナー、聴音器を持ってはいたが性能的にはきわめて低いものであった。またソノブイについては、その存在すら気付かなかったと推測される。一方、㈡の対潜攻撃兵器も、戦前からの爆雷、後半に開発された威力の小さい対潜迫撃砲しか保有できなかった。

連合軍の対潜部隊は、これ以外に、
○投げ縄のように小型爆雷を投射するヘッジホッグ
○ソナーと連動する特殊爆雷スキッド
○対潜水艦ホーミング魚雷　Ｍｋ24フィード
を実用化し、Uボート、日本潜水艦を徐々に追いつめることに成功した。

これらの各種システムにより昭和一九年以降、アメリカ海軍と日本海軍の対潜水艦掃討能力は、数十倍まで差がついてしまっている。このため、

○アメリカ潜水艦は縦横無尽に活躍

○日本潜水艦は戦果が挙がらないまま次々と撃沈される

といった状況に陥るのである。

眼に見えない敵を探し出し、撃滅するといった闘いこそ、各国の科学技術力がもっとも発揮される場面だったのである。

爆雷攻撃中の米駆逐艦――ソノブイなどの新兵器は、日本の潜水艦を追いつめた

四、対空兵器

残念ながら第二次大戦における対空火器の能力は、対空砲自体の性能よりも次のふたつのシステムを備えているかどうか、といった点のみで決まってしまった。

列強海軍の主な対空砲

	長射程対空砲	中射程対空砲	短射程対空砲
日本	12.7 cm 高射砲	25 mm 機関砲	13 mm 機関砲
アメリカ	12.7 cm 両用砲	40 mm 〃	20 mm 〃
イギリス	10.2 cm 高射砲	40 mm ポンポン砲	なし
ドイツ	10.5 cm 〃	37 mm 機関砲	なし
フランス	10 cm 〃	37 mm 〃	なし
イタリア	10 cm 〃	40 mm 〃	なし
ソ連	10 cm 〃	45 mm 〃	なし

そのひとつは、いうまでもなく複数の高射砲（高角砲）の射撃を管制するレーダーである。

それまでの望遠鏡を介し目視に頼った管制装置と、電波を使ったレーダーとの精度の差はきわめて大きかった。とくに水平爆撃機の編隊に対する対空射撃では、これが顕著に表われてしまったのである。

もうひとつの能力の差は、広く知られている近接信管（マジック・ヒューズ、VT信管）の存在であった。

アメリカの技術陣が生み出した、敵機に接近すると内部のコイルに電流が流れて自動的に爆発するタイプの新型の高射砲弾は、これがついていない砲弾と比べると五、六倍の命中精度を発揮している。

航空機の動きが直線的である水平爆撃機、雷撃機（魚雷を抱いた攻撃機）と異なり、方向も高度も大きく変化する急降下爆撃機、戦闘爆撃機に対してVT信管付の五インチ砲弾は大きな効果を見せている。

射撃中の25ミリ機関砲——実戦では、砲自体の性能よりレーダー管制システムや、砲弾（VT信管）が威力を発揮した

優秀な八八ミリ高射砲で知られたドイツ対空陣でさえ、ＶＴ信管は開発できないまま終わってしまった。アメリカは一九四三年はじめからこの信管付砲弾の大増産を実施し、日本、ドイツ軍の対地、対艦攻撃機の活動を見事に封じ込めることに成功したのであった。

対空砲のレーダー管制、ＶＴ信管の存在こそ、航空機の攻撃を喰い止め得る最大の手段といえる。

さて、これ以外の艦載対空砲を比較すると日本海軍は別表のごとく、

長射程　一二・七センチ高射砲　一部に七・五センチ高射砲

中射程　二五ミリ三連装機関砲

短射程　一三ミリ機関銃

と一応揃っていたことがわかる。しかし口径四〇ミリ前後の機関砲は持っておらず、この点が問題であった。のちに日本海軍は長砲身の一

○センチ高射砲を開発し、これはきわめて大きな威力を発揮した。

一方、運動性の良い艦上爆撃機を捕捉するのに、アメリカ海軍が多数装備したボフォース四連装四〇ミリ機関砲は最高の兵器といえた。

このボフォースと比較すると、日本軍の二五ミリ機関砲の威力はあきらかに不足であった。

しかし表からも判るとおり、日本、アメリカ以外の海軍は、近接対空兵器を保有せず、また高射砲の口径も小さかった。ここでは記載していないが、対空砲の数から見ても日米の艦艇が優れていたのは間違いない。これは結局のところ、有力な海軍航空戦力（その大部分は空母艦載機部隊）を持っているかいないかに左右される。

艦載機の戦力が大きければ、必然的にその海軍の艦艇は――航空機の威力を身をもって知るため――対空火器を増強していく。強力な空母部隊を有していた日米海軍だからこそ、対空火器の整備に力をいれていったのではないだろうか。

結論

艦載兵器のほとんどすべての分野で、圧倒的に優れていたのはアメリカ海軍であった。

また、
魚雷本体では日本
対潜兵器ではイギリス
がこれに次ぐ形となる。
大戦前半、アメリカの魚雷には種々の欠点があり、日本海軍に大きく水を開けられていた。しかし短期間で改良に取り組み、潜水艦用、航空機用とも日本の魚雷を凌ぐ性能のものを造り出す。ドイツの魚雷の性能は平凡であったが、大戦後半その誘導技術は一挙に開花し、世界最高の水準に達した。
このように日、米、英、独の海軍は、あらゆる技術分野で他国を引き離していたのである。
第二次大戦における海上戦闘全般にわたり画期的な艦載兵器は登場しなかった。しかしそれぞれの兵器は、数字に表われないところで格段の進歩を遂げ、それは大きな戦力の差となって戦闘の勝敗を左右したのであった。

第二部　航空兵器

序論――陸海軍対立の愚

一九〇三年（明治三六年）に初めて動力飛行に成功した航空機は、その後、誰しも想像できなかったほどの驚異的な発展を遂げる。なかでも軍用機についてはその度合が著しく、誕生から一五年もたたないうちになくてはならない兵器へと成長するのであった。

当時の航空王国はもっぱらイギリス、フランス、ドイツであって、アメリカは大きく立ち遅れていた。

また日本はイギリスから技術者を招き、航空機の自主開発に取り組みはじめている。

そして一九三〇年代に入るとようやく日本の航空工業界も、世界の最先端と並び立ついくつかの軍用機を持つに至ったのである。

第二次大戦勃発以前に、独力で航空機の開発、製造を大規模に実施していたのは、
㈠　有色人種の国家
㈡　欧米以外の国家
という条件を当てはめれば、世界中を見渡してもわが国のみである。
この事実について日本は国民の教育レベル、技術的基盤の高さを誇ってもよい。ただし航空機の開発努力のほとんどは軍用機に向けられ、優れた民間機は登場しないままに終わっている。
さて第二次大戦の直前には、
日本陸軍　二八八〇機
日本海軍　三〇二〇機
の軍用機が揃い、来たるべき大戦争にそなえていた。
この数からいえばアメリカ、ソ連以外の列強諸国（イギリス、フランス、ドイツ、イタリア）と充分に肩を並べるものであった。また航空機の質についても、大きな遜色はなかった。
その一方で、日本とアメリカを除く各国はすでに「兵科としての空軍」を独立させていた。

航空部隊が陸軍、海軍の一翼を担うのがいいのか、それとも空軍として独立しているのがいいのか、簡単には答えを出すことはできない。しかし新しい開発作業に関していえば、陸海軍の間の無駄な競争がなくなり、効率化がはかられるのは間違いない。特に日本の場合、陸海軍の対立意識が強く、したがって両者の連絡も順調に進まず、費用、労力に莫大な無駄が生じている。

一例を挙げるだけにとどめるが、

「ドイツのダイムラーＤＢ600系発動機ライセンス生産」

に関して、陸海軍は互いに横の連絡のないまま独自にライセンス料を支払い、性能試験、改良、運転マニュアル作りまで別々に実施するという愚を犯している。

また多大な費用を必要とする戦闘機の開発についても、一度として話し合うことなく作業が続けられた。

陸海軍それぞれの使用目的が異なり、したがって要求も違ってくるのは当然だが、完成した戦闘機を見ると、形状、性能、能力とも似たような場合も少なくない。

陸軍　中島一式戦闘機隼　キ43と

海軍　三菱零式艦上戦闘機　Ａ６Ｍ

陸軍　中島四式戦闘機疾風　キ84と

海軍　川西局地戦闘機　紫電／紫電改　Ｎ１Ｋ
また爆撃機に関していえば、
陸軍　三菱九七式重爆撃機　キ21と
海軍　三菱九六式陸上攻撃機　Ｇ３Ｍ
がこれに当たる。
現在の観点から振り返れば、陸海軍が戦闘機、爆撃機とも試作の段階から綿密に協議し、部品も含めて共通化できるものは出来るかぎりそうすべきであった。
つまり陸海軍の垣根を越えた機種の統一である。これにより試作の費用を浮かせ、そのぶん数を揃えることが本筋のような気がするのである。
あらゆる面で余裕を持っていたアメリカとちがって、貧しい日本の航空戦力を強化するにはそれが最良の道であったとも思えるが、一機種として実現することはなかった。
この点を踏まえながら、本項では陸海軍の航空機をまとめて評価する。
これによってそれぞれの日本軍航空機を欧米のそれと比較するだけでなく、陸海軍機を比べることができるからである。
また日本の軍用機にある共通の欠点、たとえば、

㈠　量産の容易性が考察されていないこと
㈡　高性能を狙うばかりに、整備がし難く、信頼性に欠けること
㈢　性能向上のための改良のさいの余裕のなさ

などについては、ごくわずかに触れるだけにとどめた。なぜなら、拙著『日本軍の小失敗の研究　正・続』に、この件に関し詳細に記述しているからである。

また太平洋戦争末期になると、航空用燃料の質の低下――加えて全般的な不足――が著しくなった。

車両、艦船の発動機、機関以上に、航空用エンジンは燃料の質の低下に敏感である。この理由は周知のごとく、使用されるさいの高度が変化するからである。

燃料の質を示す数値のひとつにオクタン価があり、これは高いほど良い。

日本の場合、航空用エンジンはオクタン価九〇の燃料を使うことを前提に設計されていた。しかし戦争が激しくなるにしたがって質は落ち、アルコールを混ぜた〝あ号燃料〟まで登場する。オクタン価に換算すれば八〇を少なからず下まわっていたと推測される。

一方、アメリカ、そして他の連合国は一〇〇オクタンの燃料を豊富に持っていた。この燃料の質の差は、そのままエンジンの性能に直結している。

少々横道にそれるが、これを数字で実証してみよう。

引き合いに出すのは、前にも登場した陸軍の主力戦闘機四式戦〝疾風〟である。ハ45エンジン、つまり最大出力一八六〇馬力を装備したこの戦闘機の最大速度は、戦後のアメリカのテストデータから、

オクタン価一四〇の燃料使用　六九〇キロ／時
〃　一〇〇の　〃　六四〇　〃
〃　九〇の　〃　六三〇　〃
〃　八〇の　〃　五七〇　〃

であった。

（注・数値はアメリカ海軍のTAICマニュアルなどによる）

一四〇オクタンの燃料は、アメリカでもあまり使われておらず、特殊なものといえる。しかし標準的な一〇〇オクタンと、質の低い日本軍の八〇オクタン燃料とでは、最高速度に実に七〇キロ／時の差が生じてしまう。

速度でこれだけ低下するのであるから、上昇力などでは比較にならないのである。

条件が良ければ、大挙来襲するノースアメリカンP51ムスタング、グラマンF6Fヘルキャットなどのアメリカ軍戦闘機と対等に闘うことのできた四式戦であるが、燃

料の質の低下によって実力を発揮しないまま敗れ去ったのであった。

この他、航空機用エンジンの重要な構成部品であるオイルシール、プラグ、ガスケットなどの品質についてもかなり大きな差があり、設計者が要求したエンジン性能を引き出すのは困難であったと見られる。

しかし燃料による出力への影響、部品の品質、そして乱造による航空機全体の質的低下などについて、それを数値として表わすことは難しい。

したがって本項においては、カタログ・データ、あるいは仕様書の数値のみを参考に話を進めていく。その一方で、これまでの種々の記述を参考にして、比較検討の結果を読者自身で補正していただきたい。

戦闘機・大戦前半

一、零戦と隼

一九三九年九月一日、ヨーロッパで燃え上がった戦火はみるみるうちに広がり、翌年の春までには、スペイン、ポルトガル、スイス、スウェーデンを除くすべての国々に波及した。

ベルギー、オランダ、デンマークなどはもちろん、大陸軍国フランスでさえドイツの軍門に下る。このさいフランス空軍は、

モランソルニエＭＳ406

ドボアチンＤ520

など数種の戦闘機一〇〇〇機をもってルフトバッフェ（ドイツ空軍）に立ち向かったが、

メッサーシュミットＢｆ109

に統一されていたドイツ戦闘機約八〇〇機によって一蹴されてしまった。

当時のフランスは、共和政権のもとで多くの航空機工場がそれぞれ独自の基準で十数種の軍用機を造っているような有様であった。

これでは戦力の充実とは無縁という他ない。

さてフランスを四〇日で降伏させたドイツは、同年夏からイギリスに触手を伸ばし、史上空前の航空攻勢を実施した。

ドイツのＢｆ109に対して、イギリス空軍は、

スーパーマリン・スピットファイア

大戦前半の各国の単発戦闘機（枢軸側）

機種 / 要目・性能	三菱 零戦 21型	中島 一式戦 隼2型	メッサーシュミット Bf 109 E	フィアット G 50 フレッチア	マッキ MC 200 サエッタ	中島 二式戦 鍾馗	川崎 三式戦 飛燕
	日本	日本	ドイツ	イタリア	イタリア	日本	日本
全幅 m	12.0	10.8	9.9	11.0	10.6	9.5	12.0
全長 m	9.1	8.9	8.6	8.3	8.2	8.8	9.2
翼面積 m²	22.4	22.0	16.2	18.3	16.8	15.0	20.0
自重 トン	1.7	2.0	2.0	2.0	1.9	2.1	2.6
総重量 トン	2.4	2.6	2.5	2.5	2.2	2.8	3.5
エンジン出力 HP	940	1130	1100	840	870	1450	1450
最大速度 km/h	530	510	570	470	500	605	580
最大上昇力 m/分	800	790	940	630	900	930	910
上昇限度 m	10300	10500	11000	9900	8900	11200	11000
航続距離 km	3200	2200	670	1000	870	1880	1800
武装 口径 mm ×門数	7.7×2 20×2	12.7 ×2	7.9×2 20×1	12.7 ×2	12.7 ×2	12.7 ×4	12.7 ×4
爆弾など kg	60 ×2	—	—	—	250×1	—	60×2
翼面荷重 kg/m²	76	91	123	109	113	184	191
出力重量比 HP/トン	553	565	550	420	458	690	558
翼面馬力 HP/m²	42.0	51.4	67.9	45.9	51.8	96.7	72.5
初飛行 年 月	1939年 4月	1939/1	1935/9	1937/2	1937/12	1939/10	1940/12
生産機数	11000	5800	30500	750	1000	1230	2750

大戦前半の各国の単発戦闘機（連合国側）

機種／要目・性能	カーチス P40 ウォーホーク	グラマン F4F ワイルドキャット	ホーカーハリケーン 2C	スーパーマリン スピットファイア5	ドボアチン D520	モランソルニエ MS406	ポリカルポフ I16	ラボーチキン LaGG3
	アメリカ	アメリカ	イギリス	イギリス	フランス	フランス	ソ連	ソ連
全幅 m	11.3	11.6	12.7	11.2	10.2	10.7	9.0	9.8
全長 m	9.6	8.8	9.5	9.1	8.8	8.2	6.1	8.9
翼面積 m^2	21.9	24.2	23.9	22.5	16.0	16.0	14.8	17.5
自重 トン	2.9	2.5	2.6	2.3	2.1	1.9	1.5	2.6
総重量 トン	4.2	3.4	3.5	3.1	2.8	2.7	2.1	3.2
エンジン出力 HP	1150	1350	1190	1470	910	860	1000	1100
最大速度 km/h	530	520	540	600	530	480	520	560
最大上昇力 m/分	790	880	520	810	780	830	860	900
上昇限度 m	9000	10900	9000	11300	11000	9500	9000	9000
航続距離 km	1440	1400	740	760	1000	800	700	650
武装 口径mm×門数	12.7 ×6	12.7 ×4	20 ×4	7.7×4 20×2	7.7×4 20×1	7.7×2 20×1	7.6×2 20×1	7.6×2 12.7×1 20×1
爆弾など kg	250 ×1	—	230 ×2	120 ×2	—	—	ロケット弾 ×6	200 ×1
翼面荷重 kg/m^2	132	103	109	102	131	119	101	149
出力重量比 HP/トン	397	540	458	639	433	452	667	423
翼面馬力 HP/m^2	52.5	55.8	49.8	65.3	56.9	53.8	67.6	62.9
初飛行 年 月	1938年 10月	1937/9	1935/11	1936/3	1938/10	1935/8	1933/12	1939/3
生産機数	13700	7900	12900	31000	600	750	9000	3000

注・1939年12月までに初飛行しているものを掲げる。

ホーカー・ハリケーンの両戦闘機を差し向け、三ヵ月にわたり大空戦が開始される。

ルフトバッフェ上層部の指揮は拙劣で、その結果ドイツ側は戦闘機兵力の四分の一、爆撃機兵力の三分の一近い損害を受けた。

このイギリス上空の闘いはバトル・オブ・ブリテン（英国の戦い）と呼ばれ、大規模な航空戦に多くの教訓をもたらした。それにもかかわらずいずれの国もそれを充分に学ばないままに終わる。

そして一九四一年一二月、戦争はアジア全域、太平洋にまで及ぶのであった。

この戦域における航空戦は、日本の陸海軍の一斉攻撃にはじまり、その鉾先はアメリカ、オーストラリア、アジア駐留イギリス軍に向けられた。

それから三年九ヵ月にわたり両軍は海、空、陸を血に染めて死闘を続けるのである。

太平洋の戦いの前半、主役となった戦闘機は、

日本陸軍　　中島一式戦闘機　隼一、二型
　海軍　　三菱零式艦上戦闘機二一型
アメリカ陸軍　カーチスＰ40ウォーホーク
　海軍　グラマンＦ４Ｆワイルドキャット

イギリス／オーストラリア空軍　スーパーマリン・スピットファイアであった。

もちろんこれ以外にも数種の戦闘機が参加しているが、その数は少ない。

また陸軍の一式戦は開戦時にはわずか四〇機程度しか配備されておらず、海軍の零戦（約六〇〇機）が、連合軍の戦闘機をまとめて引き受ける形となった。

日米開戦とともに、大きな戦果を挙げた零戦（上）と、運動性は優秀だが火力が小さいのが欠点であった一式戦隼（下）

ところで一式戦と零戦はほぼ同じ出力の発動機を装備し、形もよく似ている。写真、図面をじっくり眺めればその違いはすぐに判るが、空中で遭遇したら区別はつきにくい。
しかし性能、要目を見ていくと、零戦の方があらゆる面でかなり優れていることが明らかになる。特に火力においては、
一式戦　二五・四（一二・七ミリ×二門）
零戦　五五・四（七・七ミリ、二〇ミリ各二門）
と、後者が二倍も強力である。
（注・この数字については、搭載機関銃の数と口径をかけあわせたものである）
対するアメリカ側の戦闘機の火力は、
カーチスＰ40　　七六・二
グラマンＦ４Ｆ　五〇・八（前期型）
となる。これらの数字から見ても一式戦の火力は極めて低いと言わざるを得ない。
一式戦の主翼は三本の桁から構成されており、このため翼の内部に機関銃を取り付けることができなかった。この設計は近代的戦闘機としては、少なからぬ誤りと思われる。
戦闘機の火力は空中戦のみならず、地上攻撃のさいにも重要である。隼一型には七・七ミリ、一二・七ミリ機関銃各一門しか装備していないタイプもあり、きわめて弱

体であった。

この貧弱な火力で、アメリカ陸軍の重武装、重装甲爆撃機、たとえばボーイングB17フライング・フォートレスを撃墜するのは不可能に近かった。

戦争初期の連合軍戦闘機、F4F艦戦（上）、P40（中）、スピットファイア（下）――日本の新鋭機と比較して劣っていたが、火力や防御の面では、日本機を上まわる機もあった

隼の運動性には見るべきものもあったが、やはり一九四〇年代の戦闘機としては低い評価しか与えられない。これ以外に射撃照準器ひとつをとっても、

一式戦　筒型の望遠鏡タイプ

零戦　　電気光像タイプ（ＯＰＬ）

と、その機能にはかなりの差があった。

隼については主翼に内蔵型の機関銃／砲が装備できなかったとしても、他の方式による火力の強化は不可能だったのだろうか。

たとえばメッサーシュミットＢｆ109の後期型のごとく、翼の下に一二・七ミリ機関銃をポッドとして取り付けるという手もあった。空気力学的な抵抗はたしかに増加するが、もともと一式戦は速度重視の戦闘機ではない。

本機の生産数は五六〇〇機に達し、実質的には陸軍戦闘機隊の主力といえた。にもかかわらずあまりにその火力は貧弱であり、海軍の零戦はもちろん、列強の戦闘機と比べても大きく劣る。

また前述のように、開戦後その事実が判ったあとにも大改造に取り組まなかった陸軍上層部の怠慢は明白なのではないだろうか。

他方、乗員の優れた技術と相まって、零戦は開戦と同時にその名を世界に轟かせた。

きわめて軽い機体、長大な航続距離、強力な二〇ミリ機関砲は、この戦闘機の存在に気がついていなかったアメリカ陸海軍航空部隊を震撼させたのである。

特に旋回性能を活かした格闘戦（ドッグファイト）となれば、同じ設計思想のスピットファイアをはじめとして連合軍のすべての戦闘機を完全に圧倒した。

ともかく翼面荷重（重量を翼面積で割ったもの。そのまま旋回性能を示す）P40、F4Fの七割しかないので、この形の空中戦では無敵であった。

アメリカの戦闘機隊がこれを悟り、戦術を変更するまでの間、日本海軍の零戦隊は大きな戦果を挙げることができた。

しかし、昭和一七年八月のガダルカナル島上陸に端を発したアメリカ軍の反攻が開始されると〝無敵零戦の神話〟に少しずつ翳りが見えはじめる。

特に軽量化を積極的に押し進めた結果、防弾設備の不足が問題となった。

性能的には多少下まわっていると思われる米海軍のF4Fワイルドキャット艦上戦闘機も、機体の頑丈さを頼りに激しく挑戦してくる。

優美な曲線から構成されている零戦と対照的に、すべてが角張ったスタイルのワイルドキャットは、美しい南の海と空を背景に血みどろの闘いを展開した。

この戦域では、零戦の大きな航続力が逆に仇になり、少なからぬ損害を出す。

ラバウルとガダルカナル間往復二〇〇〇キロという長距離進攻を強いられ、それが機体、乗員にとって重い負担となってしまったのである。

この闘いを機に、零戦を頼りにしていた海軍航空部隊も次第に押されはじめるのであった。

ところで、現代の第二次大戦の研究者、飛行機エンスージアストによる零戦の評価は、近年、少しずつではあるが低下しつつある。

これは〝零戦神話〟が広く流布した反動でもあろうが、果たしてそうなのであろうか。たしかに零式戦闘機の弱点としては、

㈠　機体の強度的余裕が小さかったこと
㈡　防弾システムが充分でなかったこと
㈢　量産を考慮した設計ではなかったことが挙げられる。

しかしこの㈠、㈡項については、設計にたずさわった人々がそれらを知りながら運動性と航続力の向上を目指したのではないか、と思われる。

わずか一〇〇〇馬力のエンジンしか用意されていなければ、何かを犠牲にしないかぎり高い性能は得られないのである。

㈢の量産性に関していえば、設計者たちは、国の存亡を賭けた大戦争が起こるとは

予想していなかった、としか言いようがない。

さもなければ、あれほど複雑な曲線の連続する構造設計は理解できないのである。

零戦とＦ４Ｆワイルドキャットのスタイリングは、まさに日本人とアメリカ人の民族性さえ如実に示しているように思える。殺伐とした兵器にあっても、ある意味では文化人類学の重要な研究対象となり得る好例であろう。

さて詳細は後述するが、日本陸軍の戦闘機隊は、

一式戦隼　キ43
二式戦鍾馗《しょうき》　キ44
三式戦飛燕　キ61
四式戦疾風　キ84
五式戦　キ100

と五種類の戦闘機で闘った。

これに対して、海軍はのちに紫電、紫電改、雷電などが登場したものの、対戦闘機戦闘に関していえば初めから終わりまで零戦で闘い続けたのである。

かつて、著名なアメリカの航空機研究家は零戦を評して、次のような言葉を残している。

『日本人にとっての零戦は、イギリスにおけるスピットファイアと同様にそのすべてであった。それは日本の戦争のやり方の象徴的な存在であり、零戦の運命はそのまま――第二次世界大戦における日本という国家の運命でもあった』

（注・William Green "Famous Fighter 1975" より。訳は著者による）

欧米の専門家による意見が必ずしも正しいとは言えないが、このW・グリーンの零戦に対する評価は確かに的を射ている。

零戦という日本人の造り出した総合技術品の栄華衰退は、そのまま大日本帝国のそれと重なり合うのである。

またこの戦闘機の最大の功績は、緒戦における戦果ではなく、

「アジアの一角にある小さな有色人種の国家であっても、欧米の白人種が造り出した最高の工業科学製品――これらのひとつが間違いなく戦闘機であるが――を越えるものを誕生させた、という事実を世界に広く知らしめたこと」である。

〝零戦〟という航空機が現在でも日本人に親しまれているのは、このような理由によるものと思われるのだが……。

二、他の陸軍戦闘機

ここでは前述の陸軍戦闘機のうちから、
中島二式戦闘機鍾馗　キ44
川崎三式戦闘機飛燕　キ61
を取り上げる。

キ44は、旋回性重視のキ43隼とは全く異なった設計思想から生まれた速度重視の戦闘機で、得意とするのは格闘戦ではなく、高速で一撃を加えそのまま離脱するヒット・エンド・ラン戦術である。

空中戦、それも機関銃／砲を主要な武器としての闘いにおいては、格闘戦（ドッグ・ファイト）と一撃離脱（ヒット・エンド・ラン）のどちらが優れているか、はっきりしないまま空対空ミサイル万能の時代となってしまった。

しかし格闘戦を重視してきた日本の陸海軍戦闘機部隊にあって、この鍾馗の存在は貴重であった。

本機（キ44Ⅱ）の性格をよく表わしているのが、主翼面積一平方メートルあたりの出力（翼面馬力）である。

キ44Ⅱ　九六・七馬力／平方メートル
キ43Ⅱ　五三・七　〃

F4F　五五・八　〃
P40　五二・五　〃
戦闘機の速度および加速性能は翼面馬力に依存するから、二式戦がヒット・エンド・ラン戦術のために誕生したことがよくわかる。
事実、鍾馗は隼よりも時速五〇キロも速かった。加えて武装は七・七ミリ、一二・七ミリ各二門と隼の二倍になっている。
日本陸軍の操縦者たちがこの戦闘機を充分に乗りこなせれば、戦力は大いに増強されたはずである。また戦闘機同士の闘いばかりでなく――ともかく速度が大きいので――爆撃機に対しても戦果が期待できた。
しかし、翼面馬力と共に翼面荷重も大きく、操縦の難しさからパイロトたちに敬遠されてしまったのである。
陸軍の戦闘機乗りは、端的にいえば大人しいセダン（隼）の運転に慣れていて〝クリティカル〟な運転感覚のスポーツカー（鍾馗）を嫌ったのであった。
着陸速度において、
一式戦　一二〇キロ／時
二式戦　一五〇キロ／時

の差は、陸軍のパイロットにとってそれほどの負担になったのだろうか。

海軍のパイロットたちが大波に揺れ動く航空母艦の甲板から発着することを考えれば、キ44の操縦は決して難しいとは言えなかったのではあるまいか。

発動機の不調や操縦性に問題があったが、あらゆる面で一式戦よりも優れていた、二式戦鍾馗（上）と三式戦飛燕（下）

なお参考までに示すと、メッサーシュミットBf109の着陸速度は一六〇キロ／時であった。

二式戦闘機鍾馗キ44こそ、日本陸軍の操縦者たちが力を合わせて育てるべきものであった。

たとえそうしたとしても、この戦闘機が戦局を変え得たとはとうてい思えないが、少なくともあらゆる面で非力に尽きた一式戦の強力な〝助っ人〟にはなったはずである。

太平洋戦争に登場した唯一の液冷戦闘機が三式戦飛燕キ61で、主としてニューギニア戦線で活躍した。

合わせて二七五〇機も生産されたキ61だが、最初から最後までダイムラー・ベンツDB601発動機の信頼性不足に泣かされ続けた。これは三式戦自体のせいではなく、一にも二にも日本の工業界の責任であった。国産化されたDB601はハ40と呼ばれていた。キ61のうち四〇〇機には、ドイツ製のマウザー二〇ミリ機関砲が装着され、火力は大幅に増強されている。

しかし結局のところ、本機の性能、稼働率はもっぱらDB601の信頼性に左右されていた。

いかに優秀な戦闘機といえども、エンジン不調では全く役に立たない。

したがって三式戦に関していえば、充分な評価のしようがないというのが本音なのである。ともかく前線に急ぐ二七機の飛燕戦闘機隊のうち、四機が発動機の故障から海上に墜落する事態さえ起こった。

わずかにニューギニアの闘いにおいて飛燕は、すでに旧式になりつつあった米陸軍航空部隊のＰ40と交戦、戦果を挙げている。

これさえもエンジンが所定の出力を発揮し、かつ無事に動けば、といった状況であった。

のちに本機についてはエンジンを空冷のハ115に変換し、五式戦キ100として生まれ変わる。そしてこのキ100は、陸軍最後の戦闘機としてそれなりの活躍を見せるのである。とすると、飛燕の機体の設計は良好であったと評価するべきなのであろう。

結論

いくつかの弱点をかかえながらも日本海軍の零式戦闘機は、太平洋戦争前半における最良の戦闘機であった。

航続力がスピットファイア、Ｂｆ109の三倍近いという事実だけから見ても、評価は高くならざるを得ない。広大な太平洋をめぐる闘いとあっては、空母機動部隊、そして長距離侵攻可能な戦闘機が不可欠である。

また弾道性が良いとは言えなかったものの、その二〇ミリ機関砲は対地攻撃、対爆撃機戦闘において大きな威力を発揮している。

日本海軍はこの零戦をベースに、フロート付の水上戦闘機（二式水上戦闘機A6M2－N）を開発、実戦に投入した。

三三〇機製造された二式水戦は、史上唯一戦闘に参加した〝水上戦闘機〟である。他国に対比すべき航空機が存在しないので、その評価は困難である。しかしアリューシャン、ソロモン方面における活躍を見ると、その設計手法、用兵技術は充分に高いと言える。

一方、陸軍の一式戦については、すでに述べたようにそれほど高い点数を与えることはできない。本来なら陸軍戦闘機隊も、零戦を揃えるべきであった。

当時の陸軍の新戦闘機計画は遅れに遅れ、わずか四〇機の一式戦をもって大戦争を迎えなくてはならなかった。

しかし面子《メンツ》にこだわらず、零戦の陸軍機型の採用を決めていれば、開戦時に数百機の新鋭戦闘機を保有できていたのである。

戦闘機・大戦後半

第二次大戦ほど航空機（なかでも軍用機）の発達に寄与？　した戦争はあるまい。

131　戦闘機・大戦後半

大戦後期の各国の単発戦闘機

機種 要目・性能	中島 四式戦 疾風	川西 紫電改	フォッケウルフ Fw 190 D	マッキ MC 202 フォルゴーレ	ノースアメリカン P 51 D ムスタング	グラマン F 6 F ヘルキャット	ホーカー テンペスト	ラボーチキン La 7
	日本	日本	ドイツ	イタリア	アメリカ	アメリカ	イギリス	ソ連
全幅　m	11.2	12.0	10.5	10.6	11.3	13.0	12.5	9.8
全長　m	9.9	9.4	10.2	8.9	9.8	10.2	10.1	8.5
翼面積　m²	21.0	23.5	18.3	16.8	21.8	31.0	28.1	17.5
自重　トン	2.7	2.7	3.5	2.4	3.1	3.9	4.1	2.7
総重量　トン	3.8	4.0	4.8	3.1	4.2	5.8	5.2	3.4
エンジン出力 HP	2000	1830	2240	1200	1680	2100	2420	1780
最大速度 km/h	620	590	690	500	690	590	680	670
最大上昇力 m/分	800	810	860	850	940	900	900	890
上昇限度　m	10500	10800	10500	11500	12500	11500	10800	10000
航続距離 km	1400	1700	840	780	·2750	2880	1300	1100
武装 口径 mm ×門数	12.7×2 20×2	20×4	13×2 20×2	7.7×2 12.7×2	12.7 ×6	12.7 ×6	20 ×4	20 ×3
爆弾など kg	250 ×2	60 ×2	—	160 ×2	ロケット弾 ×6	—	900 ×1	—
翼面荷重 kg/m²	129	115	191	143	142	125	146	154
出力重量比 HP/トン	740	678	640	500	542	538	590	659
翼面馬力 HP/m²	95.2	77.9	122	71.4	77.1	67.7	86.1	102
初飛行 年　月	1943年 4月	1944/1	1942/12	1942/8	1941/10	1942/6	1942/10	1943/1
生産機数	3400	450	750	1500	15400	12300	1400	11000

一九四四年に入ると、高性能のレシプロ戦闘機に加えて、ドイツ、イギリス空軍では、

○ロケット戦闘機

メッサーシュミットMe163コメート

○ジェット戦闘機

メッサーシュミットMe262シュツルムフォーゲル

グロスター・ミーティア

までが戦線に登場する。

これらはいずれも西ヨーロッパの大空であったが、アジアにおいても発動機出力二〇〇〇馬力級の〝猛禽〟たちが姿を見せるのであった。

日米両国の代表的な機種としては、

○日本陸軍

中島四式戦疾風　キ84

○日本海軍

川西紫電／紫電改　N1K1／2

○アメリカ陸軍

リパブリックP47サンダーボルト
ノースアメリカンP51ムスタング
○アメリカ海軍

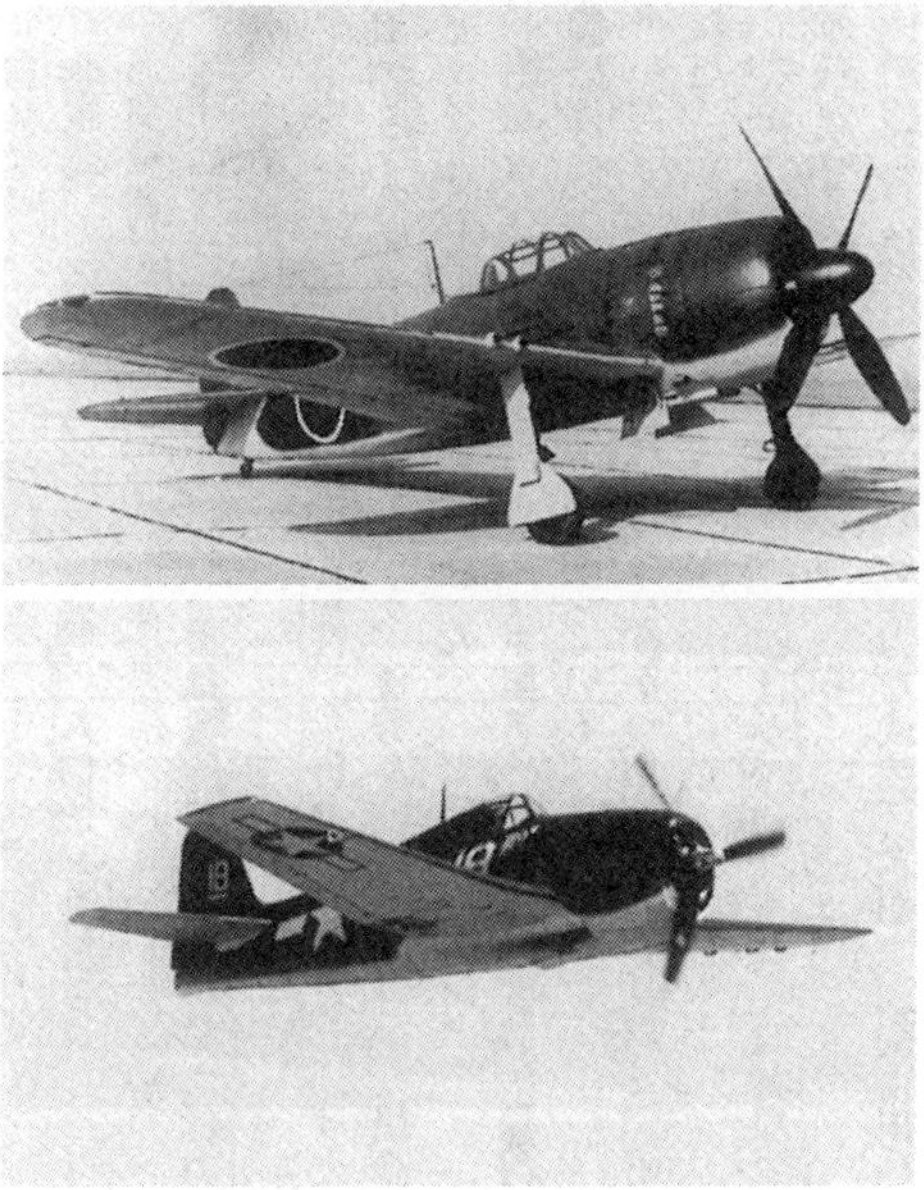

生産工数を簡略化し、20ミリ機関砲四門の強力な武装を持つ紫電改（上）と、F4Fの長所を生かしたF6F艦戦（下）

グラマンF6Fヘルキャット
ボートF4Uコルセア

などである。他にもいくつかの戦闘機が誕生しているが、ここではこれらの六機種に的を絞って話を進めることにしよう。

大戦前半とは大きく異なり、どこの戦場においても戦闘機は、

㈠　エンジン出力一五〇〇～二〇〇〇馬力
㈡　火力の合計数　六〇以上（口径×基数）
㈢　効果的な防弾設備を有する

といった条件を満たさないかぎり、使いものにならなくなっていた。
この㈠～㈢項目に関しては、日本軍戦闘機にも一応満足する機体が登場したのである。
その中核となったのは前掲の、
疾風　一二・七ミリ、二〇ミリ　各二門　六五・四
紫電改　二〇ミリ機関砲　四門　八〇
の両戦闘機である。
まず四式戦疾風であるが、本機は戦闘機の名門中島が総力を挙げて開発した〝大東亜決戦機〟であった。
相変わらず発動機ハ45の信頼性、主脚の強度不足といった弱点は残っていたものの、九〇オクタン以上の燃料が入手でき、優秀な操縦者が乗った場合は、アメリカ軍の新鋭戦闘機にとっても少なからぬ脅威となった。
昭和一九年夏の中国戦線（在中国アメリカ航空部隊との戦い）、秋のフィリピンを

めぐる戦闘ではそれなりの戦果を記録している。

一方、海軍の紫電改は故障の多かった紫電の改良型で、昭和二〇年春から第一線に配備された。

発動機の不調などの欠点を、優秀な搭乗員でカバーした四式戦疾風（上）、三式戦の発動機を空冷化した五式戦（中）、レシプロ戦闘機中の最高傑作といえるP51ムスタング（下）

このさい同時に生産の簡素化がはかられ、工数（現在でいうところのマン・アワー）は紫電の三分の二になったといわれている。

二〇ミリ機関砲四門という強力な武装、水銀を制御に用いた空戦用の自動フラップ（下げ翼）の採用など、まさに日本海軍最後の戦闘機にふさわしいものであったと考えられる。

疾風、紫電改とも一〇〇オクタンの燃料が使えれば、グラマンＦ６Ｆ、ボートＦ４Ｕ、ノースアメリカンＰ51のすべてと対等に渡り合うことができた。

日本の航空工業技術は、戦闘機、偵察機という分野のみ、欧米先進国に立ち遅れることなく進歩してきたのであった。

もちろん、それぞれの部品の性能、信頼性において劣っていたのも事実であるが……。

前にも燃料の質に関する部分でわずかに触れたが、疾風はアメリカ海軍による飛行テストのさい、六八九キロ／時（一四〇オクタン燃料）という速度を記録した。

戦闘機の性能を表示するに当たっては速度がすべてではないが、一応の目安にはなり得る。この四式戦の数値は、

Ｆ６Ｆ　五九〇キロ／時

F4U　六四〇キロ／時
P47　六八〇キロ／時
P51　六九〇キロ／時

と比較して大差なく、運動性能を加味したとき充分に太刀打ちできたのである。

（注・日本側による疾風の飛行試験のさいの最高速度は六二四キロ／時にすぎなかった。
　これは明らかに燃料の質〈オクタン価は八四〉によるものと思われる）

疾風、紫電改以外の日本軍戦闘機としては、

○陸軍　川崎五式戦闘機　キ100
○海軍　三菱局地戦闘機雷電　J2M

が挙げられよう。

後者はエンジンとプロペラによる機体の振動現象が解決できず、これといった活躍を見せないままに終わってしまった。

五式戦の方は、先に説明したとおり空冷エンジンのハ112を搭載した三式戦であった。これは液冷のDB601の生産遅延（と不調）のため急いで空冷化したものであったが、思いもよらず軽快で信頼性の高い戦闘機が生まれた。

エンジン出力が一五〇〇馬力とあっては、主力戦闘機の座を確保するのは難しかっ

たであろうが、使い易さでは最良の陸軍戦闘機という見方もある。

取り扱いがやっかいで稼働率が極端に低かった三式戦飛燕の代わりに、この五式戦が早くから登場していれば、ニューギニア、フィリピンの航空戦の状況も多少有利になっていたかも知れない。となると、俊敏に飛びまわるという意味の〝飛燕〟の名は五式戦に与えられるべきであった。

結論

戦争の激化と共に航空機の工作精度は、極端に低下していった。日本軍部による徴兵が無差別に行なわれたため、多くの熟練工が一兵卒として工場から去っていった。

その穴を埋めたのは、働く意欲は充分に持ってはいるものの、技術の伴わない学生や女性たちであった。

最先端技術の結晶とも言える戦闘機の生産に当たって、これがどれだけ大きなマイナスとなったか計り知れない。

そのような状況下であっても、日米の戦闘機の性能には大差がなかったと考えてよいのであるまいか。たしかに個々の部品、無線器などの周辺機器といった分野の信頼性に関しては水をあけられつつあったが、疾風、紫電改はF6F、P51と燃料、操縦士の技量が同じならば、なんとか対等に闘えたといってもよい。

機体の三、四面図を眺めても、そのラインは決して見劣りしない。

もっとも戦争はスポーツとは違って、互いに同じ条件、同じルールで闘うものではないから、最終的な戦闘機の性能についてはアメリカ機に軍配があがるのはしごく当然である。

しかし悪条件の中で、少しでも優れた戦闘機を造り出そうとした日本の技術者たちの努力は、戦後に至って造船、鉄道車両、自動車の分野で見事に開花したのであった。

双発戦闘機

今次大戦に参加した各国の軍用機のなかで、もっとも評価の難しい機種はここに掲げる双発戦闘機である。

各国の空軍は多くの双発戦闘機を開発したが、その目的は少しずつ喰い違っていたように思える。たとえば別表に取り上げた機体については、

屠龍《とりゅう》、月光　　　　　もっぱら爆撃機の迎撃
He219ウーフー　　　　もっぱら爆撃機の迎撃
P61ブラックウィドウ　もっぱら爆撃機の迎撃
Me110　　　　加えて対戦闘機戦闘
P38ライトニング　加えて対戦闘機戦闘
モスキート　対戦闘機戦闘および爆撃
ボーファイター　もっぱら爆撃、ロケット弾攻撃
といった任務をこなしている。

もちろんMe110、P38もわずかながら対地攻撃にも参加した。

しかしこれは決して開発時から考えられていた任務ではなく、暫定的に与えられたものであった。

単発戦闘機と比べた場合、双戦（双発戦闘機）はどうしても大きく、かつ重く、したがって運動性はかなり劣る。

この事実が判っていながら、メッサーシュミットMe110は大規模な空中戦（バトル・オブ・ブリテン）に投入され、イギリス軍のスピットファイア単発戦闘機により大損害を被ってしまった。

対戦闘機戦闘で唯一有効に働いたのはロッキードP38だけであり、その設計技術の見事さは特筆に値する。

そして本機は、これまた唯一の単座双戦であった。

双発戦闘機の存在価値を探っていけば、それは当然、敵爆撃機の要撃（迎撃と同じ意味）に突き当たる。

なかでも夜間に来襲する大型爆撃機の迎撃こそ、最大の任務となっていった。

昼間爆撃のさいには単発戦闘機のエスコートが行なわれるが、当然、単座機の夜間・長距離侵攻は困難であって、夜間には爆撃機編隊のみでやってくるのが普通である。このときこそ双発戦闘機の出番なのであった。

この点から日本の陸海軍が、

陸軍　川崎二式複座戦闘機屠龍《とりゅう》　キ45

海軍　中島夜間戦闘機月光　J1N1

といった二種の双戦を爆撃機迎撃任務のみに使用したのは正解であった。

夜間の迎撃戦において操縦、索敵、航法、無線連絡を一人の乗員で行なうことには根本的に無理があり少なくとも二人が必要となる。したがってこの用途となると、単座のP38ライトニングは明らかに失格といえた。

さて屠龍、月光はともに似たような双発戦闘機で、サイズ的には前者が多少小さくなっている。またこの屠龍は各国の双戦の中でもっとも軽く、もっとも小さい。

このような機体にハ102発動機（一〇八〇馬力）を二基付けているのであるから、もう少し全般的に性能が高くてもよさそうだが、ボーイングB17フライング・フォートレス、コンソリデーテッドB24リベレーターの迎撃にも手古摺《てこず》っている。

海軍の月光もほぼ同様で、搭載機関銃／砲の数を減らしても性能を向上させるべきであった。

昭和一八年の初め、月光は珍しく日本のオリジナル兵器とも言える上向銃（斜め銃とも呼ばれた）を装備し、夜間の爆撃にやってくるB17爆撃機を相手に戦果を挙げた。

上向銃とは機体の背部に一～二門の機関銃／砲を三〇～四〇度の角度をつけて取り付ける。そしてそれを装備した双発戦闘機は、敵の爆撃機の腹の下にピタリとつき、この火器で攻撃するのである。

相手は自分の真下に張り付いた敵を射ちにくいので、これはきわめて効果的な攻撃方法といえた。

同じ頃、ルフトバッフェの夜間戦闘機も独自にこの上向銃を思いつき、イギリス軍爆撃機の迎撃に用いている。

双発戦闘機

機種 / 要目・性能	中島 月光	川崎 キ45 屠竜	メッサーシュミット Me110	ロッキード P38 ライトニング	ブリストル ボーファイター	デ・ハビランド モスキート	ハインケル He219 ウーフー	ノースロップ P61 ブラックウィドウ
	日本	日本	ドイツ	アメリカ	イギリス	イギリス	ドイツ	アメリカ
全幅 m	17.0	15.0	16.3	15.9	17.6	16.5	18.5	20.1
全長 m	12.1	11.0	10.7	11.6	12.6	13.5	15.5	15.1
翼面積 m²	40	32.0	38.3	30.4	41.9	40.8	44.5	61.6
自重 トン	4.9	4.0	4.5	5.8	6.6	6.5	9.2	10.0
総重量 トン	6.9	5.5	6.9	8.2	9.7	8.8	11.8	15.5
エンジン総出力 HP	2260	2160	2400	2700	2900	3300	3800	4000
最大速度 km/h	510	540	550	630	530	610	630	590
最大上昇力 m/分	560	710	610	770	600	620	550	610
上昇限度 m	9300	10000	12800	13000	8000	11000	12700	10100
航続距離 km	2550	2000	1520	3400	2400	4400	4000	3400
武装 口径mm×門数	7.7×4 20×2	7.7×1 12.7×2 20×2	7.9×4 20×2	12.7×4 20×1	7.7×6 20×4	20×4	20×2 30×4	12.7×4 20×4
爆弾など kg	120	500	2000	1200	500	900	—	1500
翼面荷重 kg/m²	123	125	118	191	158	159	265	162
出力重量比 HP/トン	461	540	533	466	439	462	413	400
翼面馬力 HP/m²	56.5	67.5	62.7	88.8	69.2	73.5	85.4	64.9
乗員数 名	2	2	3	1	2	2	2	3
初飛行 年 月	1941年5月	1940/7	1936/5	1939/1	1936/6	1941/5	1942/11	1942/5
生産機数	480	1700	5760	9900	6000	8000	280	1200

注・He219の自重、総重量の数値には疑問がある。

屠龍（上）と月光（下）——両機とも極めて似通ったスタイルをしている双発戦闘機。各国の同級機よりも寸法は小さい

二式複戦屠龍、月光の性能がもう少し高かったら戦果は大いに挙がったはずだが、この点がなんとも残念である。

特に一七〇〇機も製造された屠龍は、B17、B24だけでなく昭和一九年の秋から日本本土上空に姿を見せたB29スーパーフォートレスの要撃の主役に成り得たかも知れなかった。

日本の陸海軍は比較的早い時期、昭和一三年頃から双発の戦闘機の開発に着手していた。

この発想自体大いに評価に値するが、完成した双戦の性能は充分に高いとは言えなかったようである。

屠龍、月光がP38ライトニング程度の性能を持っていれば、B17、B24、B29の跳梁をあれほど許さなかったものと思われる。

さてハインケルHe219、ノースロップP61といったライバルはあるものの、第二次世界大戦における最良の双発戦闘機を選ぶなら、

昼間戦闘機　ロッキードP38

全天候戦闘機　デ・ハビランド・モスキート

となることに反論は少ない。

また、このうちのどちらかを選ばなくてはならないとしたら、文句なくモスキートが浮上する。この全木製の双発機は、第二次大戦中に登場したすべての軍用機のなかでも、最上位に位置する優秀な航空機であった。

これまでに述べてきたような夜間迎撃はもちろん爆撃、ロケット弾を使った地上攻撃、高速を利した偵察、味方の爆撃隊の先導となんでもこなすことが出来たのである。

また驚くべきもうひとつの事柄は、この万能機の開発、登場は日本の月光と同じ時

期に行なわれているということである。
ともかく初飛行の年月まで同じなのである。
ところが——優秀な発動機が入手できたかどうかといった問題もあったが——月光

単座双発戦闘機として最も成功したP38（上）、全木製の高性能双発機で多目的機として使用されたモスキート（中）、レーダーを搭載し、多大な成果をあげたP61双発夜戦（下）

とモスキートの性能の差は大きく、イギリス航空界の実力をまざまざと見せつけられる結果となってしまった。

後期型のモスキートは、出力一七〇〇馬力のマーリン76エンジンを備え、高度八四〇〇メートルで実に六六〇キロ／時を発揮している。

これに対して月光、そして陸軍の屠龍は同じ高度で一〇〇キロ／時も遅かった。

一方、性能的にはモスキートより大幅に低いものの、アメリカのノースロップP61夜間戦闘機は別の意味から日本軍爆撃機の脅威となった。

P61の長所はきわめて強力なレーダ（乗員のうちの一名は専門のレーダー手）と、これまた強力な武装（一・七ミリ機関銃、二〇ミリ機関砲それぞれ四門）である。

このふたつを活用し、P61は、
○ヨーロッパ戦線ではドイツ軍爆撃機
ユンカースJu88、ハインケルHe111など
○太平洋戦線では日本軍爆撃機
九七式重爆撃機、一式陸上攻撃機を多数撃墜している。このすべてが夜間の迎撃戦闘であった。

ただしP61は寸法的にあまりに大きく、また重量から言っても明らかに重すぎた。

九七重爆や一式陸攻相手ならともかく、
三菱四式重爆撃機飛龍　キ67
空技廠陸上爆撃機銀河　P1Y
といった新型爆撃機の迎撃には少々性能不足であったと思われる。

結論

日本の陸海軍がそれぞれ一機種ずつを実戦化した双発戦闘機は、その目的がアメリカ軍の大型爆撃機を迎撃するかぎりでは一応有効であった。しかし、強力な発動機が使えなかったという理由で、性能的には今一歩の感が強い。

また別表の要目からも判るとおり、屠龍と月光は同じ仕様書から造られたのではないかと思われるほどよく似ている。

これまた少なからぬ国力の無駄使いという他ない。

本来なら月光よりも一年早く初飛行した屠龍を、陸海軍が協力して本格的な迎撃機に育て上げるべきであった。

その結果、一五〇〇馬力級のエンジン付の性能向上型が生まれていれば、B29の日本空襲をあれほど易々と許すことはなかったのである。

双発爆撃機

わが国の航空技術はアメリカ、イギリスのように本格的な四発の大型爆撃機を生み出せないままに終わった。

また、イタリアの主力爆撃機であったサボイア・マルケッティSM79のような三発機も造らなかった。

したがって双発機が爆撃機部隊の中心となるが、これらは時代によって二つに区分される。大戦前からすでに実戦に参加していた、

陸軍　三菱九七式重爆撃機　キ21
海軍　三菱九六式陸上攻撃機　G3M

がひとつのグループであり、

陸軍　三菱四式重爆撃機飛龍　キ67
海軍空技廠陸上爆撃機銀河　P1Y

が、その後継グループとなる。

この中間に、

陸軍　中島一〇〇式重爆撃機呑龍　キ49
海軍　三菱一式陸上攻撃機　G4M
が登場すると考える三つの分類も成り立つ。

日本の陸海軍は、航空機の用途に関する呼称に呆れるほど気を使っている。

海軍についていえば、
○九六式中型攻撃機
○一式陸上攻撃機
○陸上爆撃機　銀河
と、実に面倒な呼び方をしている。これら三種の双発機の主な任務は全く同一で、「陸上の基地から発進し、爆撃と魚雷攻撃を実施」することであった。

これまた雑多な陸軍の爆撃機の区分と名称については後述したい。

さて次に陸軍の爆撃機であるが、まず最初に明らかにしておきたい点は、〝重〟という文字の意味についてである。

九七式、一〇〇式、四式とも区分は重爆撃機（略して重爆）となっていた。これは軽爆撃機（軽爆）に対する呼称であったが、その性能から見るかぎり、欧米の〝重

151　双発爆撃機

大戦前半の各国の双発爆撃機

要目・性能＼機種	三菱 九七式 重爆Ⅰ型	三菱 九六式 陸攻	ハインケル He 111 B	ノース アメリカン B 25 B	ビッカース ウェリントン	イリューシン Iℓ4	サボイア マルケッティ SM 79	リオレ・エ・オリビエ Leo 451
	日本	日本	ドイツ	アメリカ	イギリス	ソ連	イタリア	フランス
全幅　m	22.5	25.0	22.6	20.6	26.3	21.4	21.2	22.5
全長　m	16.0	16.5	16.6	16.1	18.6	14.8	16.2	17.2
翼面積　m^2	69.6	75.0	87.6	56.6	78.0	66.7	61.0	68.0
自重　トン	4.7	4.8	7.7	8.8	9.5	6.9	6.8	7.5
総重量　トン	7.5	7.7	12.5	15.2	13.4	8.4	10.5	11.4
エンジン 総出力 HP	1900	2000	1900	3400	2300	2200	2250	2120
最大速度 km/h	430	380	430	440	410	410	430	470
最大上昇力 m/分	360	480	260	540	290	390	330	510
上昇限度　m	8600	9100	8400	7400	5800	—	6500	10000
航続距離 km	2700	4600	2800	2200	1850	3800	2500	2000
武装 口径 mm ×門数	7.7 ×3	7.7 ×3	7.7×5 13×2	12.7 ×6	7.7 ×8	7.6×2 12.7×1	7.7×1 12.7×3	7.5×3 20×1
爆弾など kg	750	1000	2200	1800	2000	2000	1250	2000
翼面荷重 kg/m^2	67.5	64.0	87.9	155	122	103	111	110
出力重量比 HP/トン	404	417	247	386	242	319	331	283
翼面馬力 HP/m^2	27.3	26.7	21.7	60.0	29.5	33.0	36.9	31.2
乗員名	7	6	5	6	6	4	5	4
初飛行 年 月	1936年 12月	1935/7	1934/10	1940/8	1936/6	1935/—	1934/11	1937/2
生産機数	1800	690	5660	1100	11460	3000	1330	360

注・SM 79 のみ三発である。

爆〟の実力とは大きくかけ離れていたという他ない。

すべての爆弾搭載量が、標準で七〇〇～八〇〇キログラム、最大でも一トンにすぎなかった。一般的には二五〇キロ爆弾一発、六〇キロ爆弾六～八発であり、これは海軍機もほぼ同様である。

日本の双発爆撃機の爆弾搭載量の少なさは、世界的にみても異例である。他国の同級の爆撃機は最小でも一・二トン、最大では二トンを積み込むことができ、航続距離との兼ね合いを考えてもなお少ない。

またこの典型的な例は、中島九九式双発軽爆撃機（九九双軽）キ48であり、一〇〇〇馬力エンジン双発の小型爆撃機の搭載量はわずか三〇〇キロ！

日本陸軍は三〇〇キロ爆弾を持っていなかったから、実質的には二五〇キロ爆弾一発しか積めない。それにもかかわらず、たったこれだけの爆弾を運ぶための乗員は四名もいたのである。

登場年度が二年ほど新しいアメリカ陸軍のノースアメリカンB25ミッチェルは、同じ双発、ほぼ同じ乗員数（四～六名）で、標準一・四トン、最大一・八トンの爆弾をはこぶことができた。

また、一九四四年から登場したリパブリックP47サンダーボルト単発戦闘機は、最大九〇〇キロの爆弾を搭載し、九九双軽と同じ距離を飛行していた。
これらの事実を見ていくと、日本陸軍の爆撃機のすべてがあまりに弱体なのである。
爆弾搭載量が少ない分、速度が速いとか、装甲防御力が大きいとか、プラスの面が

敵艦隊の魚雷攻撃のほか、陸上爆撃にも使われた九六式陸攻（上）、陸軍初の本格的近代爆撃機九七式重爆（中）、戦略爆撃機の開発に失敗後、主力として使用されたHe111（下）

なにかあれば、それはそれでよかったのだが……。
陸軍の期待を担って現われた新鋭爆撃機飛龍（搭載量最大で一トン）に関しても、この事実は変わらない。
同時期に登場したアメリカのマーチンB26マローダー中型爆撃機の爆弾搭載量は標準で一・四トン、最大は二・二トンに達している。
さて海軍の陸上攻撃機であるが、これは前述のごとく雷撃、爆撃の両方を行なうように造られていた。
アメリカ海軍が陸上基地から発進する大型機をごく少数しか保有しなかったのと対照的に、日本海軍は九六式を七〇〇機、一式を二五〇〇機、銀河を一〇〇〇機も製造している。
ただしこの種の大型機が、敵の艦隊を攻撃して大戦果を挙げた例はわずかに、
開戦劈頭のマレー沖海空戦　昭和一六年一二月
イギリス海軍の戦艦一、巡洋戦艦一隻撃沈
のみであった。
翼幅二〇メートルを超す大型機の編隊による魚雷攻撃は華々しく、そして壮絶ではあったであろうが、対空砲による損害を招きやすく、時によっては攻撃を実施した半

大戦後半の各国の双発爆撃機

要目・性能＼機種	空技廠 銀河	三菱 キ67 飛龍	ユンカース Ju 188	ダグラス A 26 インベーダー	デ・ハビランド モスキート B 16	ツポレフ Tu 2
	日本	日本	ドイツ	アメリカ	イギリス	ソ連
全幅　m	20.0	22.5	22.0	21.3	16.5	18.6
全長　m	15.0	18.7	15.0	15.2	12.7	13.4
翼面積　m^2	55.0	65.5	62.7	50.2	40.4	48.8
自重　トン	6.7	8.6	9.2	10.1	5.9	7.6
総重量　トン	10.5	13.8	14.5	16.8	9.3	11.0
エンジン総出力　HP	3640	3800	3400	4720	3400	3700
最大速度 km/h	560	540	510	600	670	550
最大上昇力 m/分	630	430	—	480	620	490
上昇限度　m	10200	9500	9500	6470	12200	9500
航続距離　km	3800	2400	2500	2250	2600	1890
武装 口径 mm×門数	12.7×1 20×1	12.7×4 20×1	7.9×2 13×2 20×1	12.7 ×6	なし	20 ×2
爆弾など　kg	800	800	2500	1800	1800	2000
翼面荷重 kg/m^2	122	131	147	201	146	156
出力重量比 HP/トン	543	442	370	467	576	487
翼面馬力 HP/m^2	66.2	58.0	54.2	94.0	84.2	75.8
乗員名	3	7	4	3	2	4
初飛行 年　月	1942年 6月	1942/12	1937/9	1942/7	1940/11	1940/10
生産機数	1000	700	9000	3250	1800	6000

数以上が、一度に撃墜されることさえあった。

やはり敵の軍艦への魚雷攻撃は、より小型の単発空母艦載機によってなされるべきである。
○一式陸攻の外寸
全幅二五、全長二〇メートル、翼面積七八平方メートル
○アメリカ海軍最大の雷撃機　グラマンTBFアベンジャー
全幅一七、全長一二メートル、翼面積四六平方メートル
を比べてみれば、対空砲火の的としての実感がはっきりと浮かび上がってくるはずである。

九六式中攻、一式陸攻は大戦前半かなりの働きを見せたが、中期以降はほとんど戦果を挙げられなくなっていく。

これに代わって高速の銀河が登場するが、この新型爆撃機は整備性がきわめて悪く、一〇〇〇機も生産されながらほとんど活躍しないままに終わる。

ところで、先にも九九双軽のところで触れたが、日本の陸海軍の爆撃機の特徴のひとつは乗員数が多いことであった。他国の同級機の乗員が四〜六名（ほとんど五名）であるのに、六〜七名となっている。

爆撃機の〝運用効率〟を『爆弾搭載量×航続距離×巡航速度／乗員数』のように仮定したとき、日本の双発爆撃機の数値は、アメリカ、イギリス、ドイツのそれと比べてかなり低くなるのではないか、と推測される。

この数値が高くなるのは、

ノースアメリカンＢ25ミッチェル（米）

マーチンＢ26マローダー（米）

ダグラスＡ26インベーダー（米）

デ・ハビランド・モスキート爆撃型（英）

で、これらと比べた場合、ドイツ空軍の双発爆撃機でさえ大幅に劣る。

そのうえ、軍艦の場合と異なり、乗員が多いからといって抗たん性（損傷に耐え得る能力）が高くなるわけでもない。

日本軍の戦闘機設計者が、その仕事を緻密に進めたのと対照的に、日本の爆撃機設計に関しては詰めの甘い部分が多々みられる。

これは設計者の怠慢というよりも、軍（特に陸軍）の上層部の不勉強さのためであった。加えて他の軍用機と同様に、陸海軍が似たような性能の爆撃機、攻撃機を別々に開発、製造するという悪癖を改めなかった。

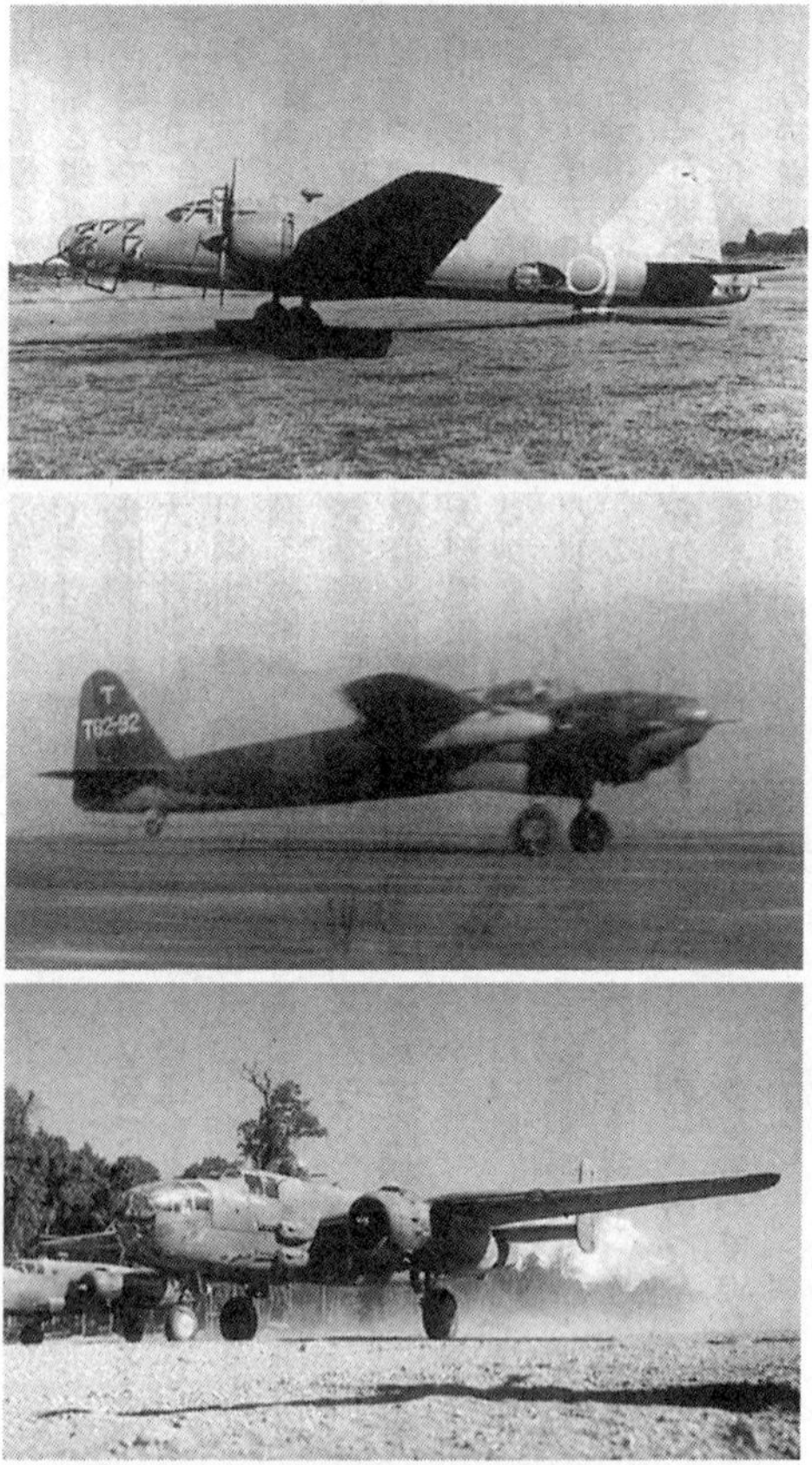

雷撃も可能など、日本爆撃機の集大成ともいえる
四式重爆飛龍（上）、1000機以上も生産されたが、
稼働率が低かった銀河（中）、日本本土初空襲や
船団攻撃に活躍したB25（下）

九七重爆と九六式陸攻
飛龍と銀河
に関しては、共に一機種の共用——もちろん小さな改造は必要であったであろうが

——で充分間に合ったはずである。

結論

日本陸軍の主力であった双発爆撃機群については、残念ながら、

(一)　アメリカ陸軍の中型爆撃機と比較しても、全般的な能力は低かった

(二)　そのうえ連合軍の四発大型爆撃機

ボーイングB27フライング・フォートレス

コンソリデーテッドB24リベレーター

アブロ・ランカスター

と比べた場合、攻撃力は二分の一以下、場合によっては三分の一であった。

(三)　ドイツ空軍の双発爆撃機との対比では、航続力を除いて多少劣っていた

との結論に収束される。

日本陸軍の仮想敵国はアメリカではなくソ連であり、そのため爆撃機の性能要求が低かった、といった擁護論が聞こえてきそうだが、それでもなお弱体であったという批評は免れない。

急降下爆撃機

第二次大戦でもっともよく知られている軍用機のひとつは、

ユンカースJu87スツーカ急降下爆撃機

である。スパッド（整流覆い）のついた主脚、独特の逆ガル翼、そして急降下のさい使われる威嚇用サイレンによって、このスツーカは急降下爆撃機の名を世界に知らしめた。

誘導ミサイル、そしてスマート爆弾など全く存在しなかった当時にあって、地上の小さな砲台、運動性のよい小型軍艦といった目標に爆弾を命中させるには、急降下爆撃しか方法はなかった。

このためアメリカ、日本、ドイツはこの機種の開発に力を入れている。一方、イギリス、フランス、イタリア、ソ連の空軍はこれを重視していない。

このように見ていくと、急降下爆撃機については『仮想敵国が強力な海軍を有している、と考えている国の空軍あるいは陸海軍航空隊』のみが保有していたことがわかる。

つまり、急降下爆撃機の最大の目標は敵の艦船であった。前述のJu87はもちろん

のこと、
○日本海軍　愛知九九式艦上爆撃機　D3A
○アメリカ海軍ダグラスSBDドーントレス
　は、互いに敵艦船攻撃に猛威をふるっている。

なかでもミッドウェー海戦における一一二機のドーントレスは、当時世界最強であった日本の空母群四隻を壊滅させたのである。ひとつの機種が、戦争の行方にこれだけ大きな影響を与えた例は他にない。

　一方、日本海軍の〝九九艦爆〟もまたアメリカ、イギリスの艦艇に大損害を与え、その実力を見せつけた。

　ドイツ空軍のスツーカが他の二機種と同様にその名を轟かせたのと比べてアメリカ陸軍、日本陸軍、イギリス空軍、ソ連空軍の急降下爆撃機はほとんど活躍していない。

　それ以前に、急降下爆撃機そのものに対する関心が低かったのである。

　このあたりの戦術思想を分析すると、各国の空軍、陸軍航空部隊は対艦攻撃を全く考慮していなかったように思える。敵の艦隊への攻撃はもっぱら海軍航空隊へまかせきりで、急降下爆撃可能な機体が少ないのである。

　日本陸軍も後述するように多数の単発爆撃機を保有していながら、この対艦攻撃を

各国の急降下爆撃機

機種 / 要目・性能	愛知 九九式 艦爆	ユンカース Ju 87 D スツーカ	ダグラス SBD ドーントレス	ブラックバーン スキューア	空技廠 彗星	カーチス SB2C ヘルダイバー
	日本	ドイツ	アメリカ	イギリス	日本	アメリカ
全幅　m	14.4	13.8	12.7	14.1	11.5	15.2
全長　m	10.2	11.1	10.1	10.9	10.2	11.2
翼面積　m^2	34.9	31.0	30.2	29.0	23.6	39.2
自重　トン	2.4	4.5	3.0	2.5	2.6	4.7
総重量　トン	3.8	5.9	4.5	3.7	3.7	6.8
エンジン 総出力　HP	1200	1300	1200	910	1200	1900
最大速度 km/h	430	410	410	360	550	470
最大上昇力 m/分	490	270	520	482	530	555
上昇限度　m	9500	7320	7420	6200	9900	9000
航続距離　km	1820	1600	1850	1220	1800	1900
武装 口径 mm ×門数	7.7 ×3	7.9×2 20×2	7.7×2 12.7×2	7.7×5	7.7 ×3	20×2 7.7×1
爆弾など　kg	370	1600	540	350	370	500
翼面荷重 kg/m^2	68.8	145	99.3	86.2	155	219
出力重量比 HP/トン	500	289	400	364	462	404
翼面馬力 HP/m^2	34.4	41.9	39.7	31.4	50.8	48.5
乗員名	2	2	2	2	2	2
初飛行 年　月	1937/9	1935/11	1937/11	1937/6	1941/4	1940/12
生産機数	1570	4880	5940	190	1800	5100

重視していない。

他方、日本海軍はこの機種の開発に熱心で、九九艦爆に引き続き、彗星、流星を生み出していく。

このうち昭和一七年の夏から少しずつ登場した空技廠艦上爆撃機彗星D４Yは九九艦爆の後継機になれるかに見えた。

たしかに本機の設計思想は新しく、徹底的に小型化、高速化を目指していた。特に速度に関していえば、アメリカ海軍の新型艦爆ヘルダイバーと比較して八〇キロ／時も速い。

ただし爆弾搭載量は七割にすぎず、また液冷エンジンの信頼性不足からほとんど戦果を挙げられないままに終わってしまった。

ところで一九四四年の初頭に至ると、急降下爆撃機という機種そのものの存在価値が不透明になってくる。

爆弾、ロケット弾を抱き、二〇〇〇馬力級のエンジンを備えた戦闘機が、ピンポイント目標の攻撃に参加するようになったのである。特に主要な連合軍三ヵ国（アメリカ、イギリス、ソ連）の戦闘機によるロケット弾攻撃は、急降下爆撃機を不要としてしまった。

これに加えて空母艦載機も少しずつ様変わりし、
○アメリカ海軍　ダグラスＡ１スカイレイダー
○イギリス海軍　フェアリー・ファイアフライ
に代表される〝万能〟攻撃機が中心となる。

この点から、日本海軍の愛知艦上攻撃機流星Ｂ７Ａの開発は先見の明があったと評価すべきであろう。

なぜなら流星はそれまでの艦爆、艦攻を一機種でこなせる設計であったからである。

アメリカでもまたヘルダイバーを最後に、急降下爆撃機は万能攻撃機および戦闘爆撃機にとって代わられてしまったのである。

結論
このように見ていくと、歴史に残る急降下爆撃機は、
日本　九九式艦爆
アメリカ　ＳＢＤドーントレス
ドイツ　Ｊｕ87スツーカ
しかない。

　この三機種に関しては、それぞれ甲乙つけ難いが、初飛行の年度、構造設計の斬新さを考慮するとＪｕ87、ＳＢＤが九九式よりわずかに優れていると評価すべきかも知れない。

日本初の近代的艦爆として活躍した九九式艦爆（上）、ミッドウェー沖で日本空母4隻を撃沈したSBDドーントレス（中）、独特の逆ガル翼と威嚇用サイレンを持つJu87（下）

艦上攻撃機

航空母艦から発進し、敵艦への魚雷攻撃、地上の目標への水平爆撃を行なう艦上攻撃機は、艦上爆撃機（急降下爆撃機）と比べると次のような特徴を持っていた。

㈠ 少なくとも重量五〇〇キロもある魚雷を搭載するので、サイズ的に大きくなっている。

㈡ 乗員は艦爆より多く三名である。

実戦に参加した艦攻は日、米、英それぞれ二機種で、

○日本海軍

中島九七式艦上攻撃機　Ｂ５Ｎ

中島天山艦上攻撃機　Ｂ６Ｎ

○アメリカ海軍

ダグラスＴＢＤデバステーター

グラマンＴＢＦアベンジャー

○イギリス海軍

主要な艦上攻撃機

機種 / 要目・性能	中島 九七式 艦攻	ダグラス TBD デバステーター	フェアリー ソード フィッシュ	中島 天山	グラマン TBF アベンジャー	フェアリー バラクーダ
	日本	アメリカ	イギリス	日本	アメリカ	イギリス
全幅 m	15.3	15.3	13.9	14.9	16.5	15.0
全長 m	10.3	10.7	11.1	10.9	12.2	12.1
翼面積 m^2	39.6	39.0	56.4	37.2	45.5	34.1
自重 トン	2.4	2.8	2.4	3.0	4.9	4.3
総重量 トン	4.0	4.5	4.2	5.4	7.8	6.2
エンジン 出力 HP	1000	900	750	1810	1900	1640
最大速度 km/h	380	330	230	470	430	390
最大上昇力 m/分	310	220	150	480	360	360
上昇限度 m	7500	6000	3300	8600	7200	6100
航続距離 km	2100	1100	1600	2600	2400	1400
武装 口径 mm ×門数	7.7 ×1	7.7 ×2	7.7 ×2	7.7 ×2	12.7 ×3	7.7 ×2
爆弾など kg	800	500	750	900	900	750
翼面荷重 kg/m^2	60.6	71.8	42.5	80.6	108	126
出力重量比 HP/トン	417	321	313	603	388	381
翼面馬力 HP/m^2	25.3	23.1	13.3	48.6	41.8	48.1
乗員名	3	3	3	3	3	3
初飛行 年 月	1937/1	1935/4	1933/3	1942/3	1941/8	1942/5
生産機数	1300	—	2390	1270	5600	2600

戦争前半、雷撃や水平爆撃に活躍した七式艦攻（上）と、各国の雷撃機のなかでもっとも優れた性能をもつ天山艦攻

フェアリー・ソードフィッシュ
フェアリー・バラクーダ

となっていた。

このうちソードフィッシュは複葉、鋼管羽《は》布《ふ》張り構造という旧式なもので、この大型機の最大速度はわずか二三〇キロ。まさに軽飛行機に毛のはえた程度にすぎない。

しかし主要な敵であるドイツ海軍が空母そして海軍直属の戦闘機隊を保有していなかったため、大西洋、地中海で大いに活躍する。

他方、アジアにおいては少数機がシンガポールに配備されていたが、強力な日本海軍が相手ではわずか二回の出撃で全滅してしまった。

　また別表からも判るとおり、アメリカ海軍のデバステーターも九七艦攻と比べた場合、性能的にかなり劣る。

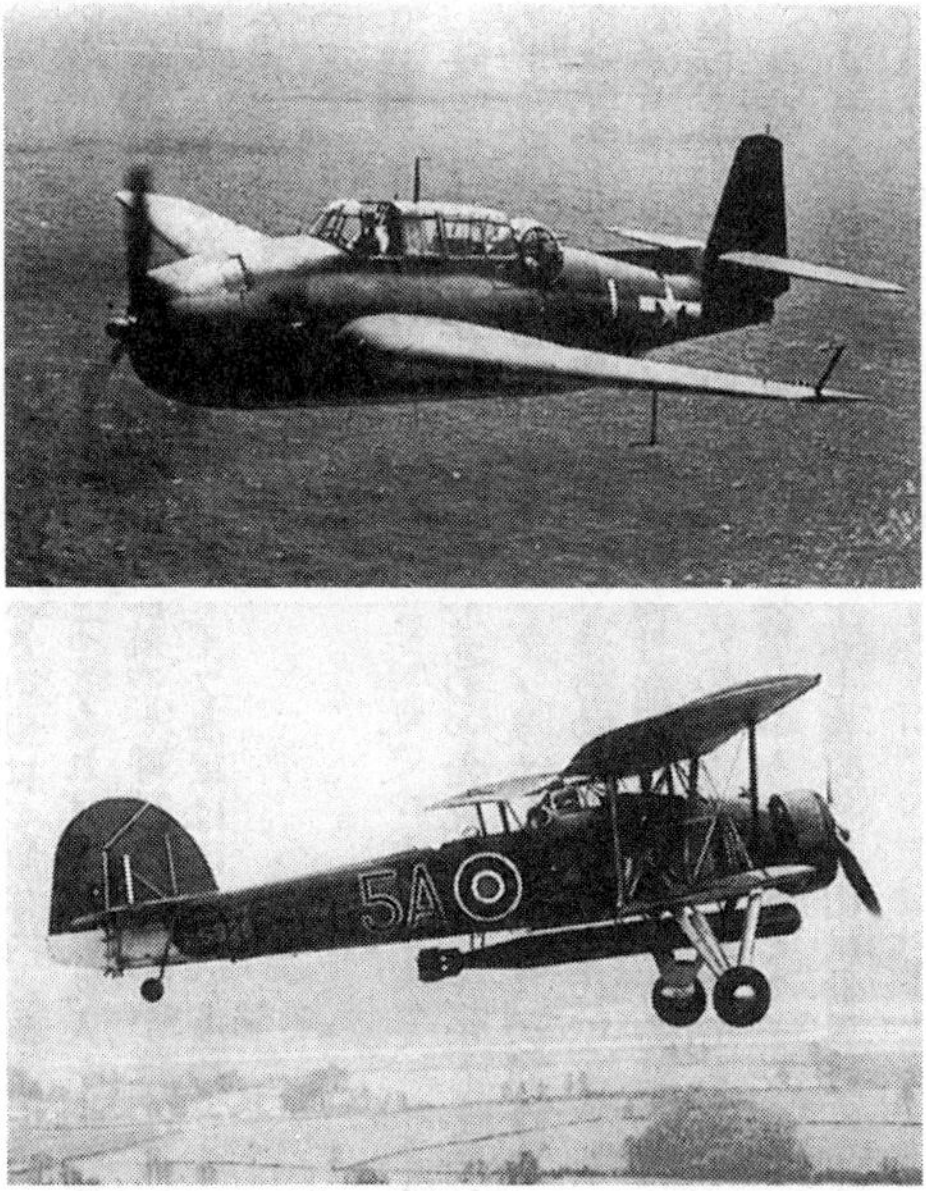

胴体の中に魚雷を格納できたTBFアベンジャー（上）と、複葉の旧式機だったが信頼性が高かったソードフィッシュ

　登場年度の二年の違いが両者の性能に少なからず影響を与えたのであった。

　戦争後半になって出現した三機種を比較しても、もっとも優れているのは日本海軍の天山である。

　アベンジャーは天山とほぼ同じ出力（一九〇〇馬力対一八一〇馬力）のエンジンを備え

ているが、重量的には自重で六割も大きい。したがって速度、上昇力などとうてい天山の比ではない。

このアメリカ海軍の艦攻が大きいのは、胴体内に魚雷を格納するためで、このボム・ベイ（魚雷・爆弾倉）で人員を輸送するとなればゆうに九人を乗せることができるほどである。

イギリス海軍航空部隊（艦隊航空と呼ばれる）のバラクーダは、緩降下爆撃もできる万能艦攻であるが、登場の頃にはドイツ海軍はほとんど出撃しなくなっていたので、活躍の場はなかった。

結論

大戦前半に太平洋狭しと暴れまわった九七艦攻、そして戦局の推移により大戦果を挙げ得なかった天山とも、性能的にはアメリカ、イギリスの同級機を大きく凌駕していた。

その差は、水上機群と同様にきわめて明確なものであった。

それでもなおアメリカ軍の高性能のレーダーの存在が、日本海軍の艦攻（特に天山）の優位性を完全に封じ込めてしまったのがなんとも残念である。

航空機による艦船への魚雷攻撃という戦術はミサイルの発達と共に消滅してしまったが、この任務にかぎれば日本海軍の九七艦攻、天山は世界でもっとも優れたものであったと評価できる。

蛇足ながら再びソードフィッシュについて付け加えておきたい。

前述のごとくこの複葉機は、第二次大戦に参加した軍用機の中でもっとも旧式なものであった。これは表のデータと共に、写真からも充分に理解できる。

しかしそれを知りながらイギリス海軍はソードフィッシュを実に一九四四年（昭和一九年）まで造りつづけた。そしてまた本機は訓練、哨戒、対潜哨戒／攻撃、魚雷攻撃、爆撃（水平および緩降下）、標的曳行といった任務を終戦まで黙々と果たしている。

この状況は古い兵器であっても、使い方によっては充分に役立つという証明でもある。

定数という枠を厳密に守ろうとするあまり、まだまだ使える兵器を早々に廃棄しているわが国の三自衛隊は、このソードフィッシュの活躍を学ぶべきなのである。

単発爆撃機

空母に搭載されるものを除くと、大戦に参加した単発の爆撃／攻撃機の種類は驚くほど少ない。アメリカ、ドイツは皆無に等しく、イギリス、ソ連は各一種である。

ところが、日本陸軍は派生型を含めると四種の単発爆撃機（軽爆撃機・軽爆）を製造した。また一機種キ51にはどういうわけか〝襲撃機〟というあまり聞き慣れない呼称を与えている。

しかし、このキ51も実質的には軽爆撃機にすぎなかったから、表からも判るとおり日本陸軍は、

三菱九七式軽爆撃機　キ30
川崎九八式軽爆撃機　キ32
立川九八式直接協同偵察機　キ36
三菱九九式襲撃機　キ51

をわずか三年の間に完成させているのである。

このうち厳密に言えば、

日、英、ソの単発軽爆撃機、地上攻撃機

機種 / 要目・性能	三菱 九七式 軽爆	川崎 九八式 軽爆	立川 九八式 直協	三菱 九九式 襲撃機	フェアリー バトル	イリューシン Il 2 シュツルモビク
	日本	日本	日本	日本	イギリス	ソ連
全幅　m	14.6	15.0	11.8	12.1	16.5	14.6
全長　m	10.3	11.5	8.0	9.2	15.9	11.7
翼面積　m^2	30.6	34.0	18.1	24.2	39.2	38.5
自重　トン	2.2	2.0	1.3	1.9	3.0	4.2
総重量　トン	3.3	3.4	1.7	2.8	4.9	5.9
エンジン出力　HP	950	850	520	940	1050	1700
最大速度 km/h	420	420	350	420	390	370
最大上昇力 m/分	440	400	460	490	390	—
上昇限度　m	8600	8500	8200	8300	7200	6500
航続距離　km	1700	1300	800	1100	1700	900
武装 口径 mm ×門数	7.7 ×2	7.7 ×3	7.7 ×2	7.7 ×3	7.7 ×2	20×2 7.7×3
爆弾など　kg	300	300	150	200	450	600
翼面荷重 kg/m^2	71.9	58.8	71.8	78.5	76.5	109
出力重量比 HP/トン	432	425	400	495	350	405
翼面馬力 HP/m^2	31.0	25.0	28.7	38.8	26.8	44.2
乗員名	2	2	2	2	3	2
初飛行 年　月	1937/2	1937/5	1938/5	1936/8	1937/2	1940/10
生産機数	700	800	1500	1500	2450	12000

○キ51は、九九式軍（戦術）偵察機の流用
○キ36は、前線における地上部隊との連絡（いわゆるＦＡＣ）用
であるから、多少、性格が異なる。

それでは早速、九七軽爆、九八軽爆の評価から始めよう。

これらはイギリス空軍が大量に製造したフェアリー・バトル軽爆撃機と似たような目的で開発されたものと考えてよい。能力は高くないものの、単発で製造費用が安く、取り扱いが容易な小型爆撃機というわけである。

また、戦略的な任務に使うことはなく、もっぱら前線で闘う陸軍部隊を支援する。なかでもキ36は直協機つまり地上部隊との直接協力を主任務とする全く新しい軍用機である。

アメリカ、イギリス、ドイツ軍も、このような航空機が重要と考え、
○アメリカ陸軍
スチンソンＬ５センチネル　二八〇〇機製造
○イギリス海軍
ブリティッシュ・テイラークラフト・オースター　七八〇機製造
○ドイツ陸軍

フィゼラーFi156シュトルヒ　二五〇〇機製造

などを配備した。

しかしこれらのいずれもがいわゆる軽飛行機であって、偵察、哨戒、連絡、負傷者輸送といった任務はこなせるが、攻撃力は持っていない。

これに対してキ36は二門の機関銃、六〇キロ爆弾二コを持ち、危機に陥った味方の地上部隊を支援できるのである。

日本陸軍は、いわゆる新兵器というものをほとんど生み出せなかったが、直協機という機種の開発、配備がこれに当たると言えるのではあるまいか。だからこそこれといった高性能機でなかったにもかかわらず、一五〇〇機という多数が製造されたのである。

さて、先にも触れたがキ30とキ32については、会社こそ違えほぼ同じ要目、性能であり、なぜ二機種を製造したのか理解に苦しむ。

兵器の開発について用兵側は次々と要求を持ち出してくるが、軍の上層部はそれが本当に必要かどうかを検討し、絞り込むことが大切なのである。とくに航空機の開発、試作に関しては当時にあっても莫大な費用を投入しなくてはならない。

この二機種は初飛行の日付もわずか三ヵ月しか異なっておらず、別々に開発した理

九七式軽爆（上写真左）と九八式軽爆（同右）、九八式直協機（下）——前線の直接協力用として生産し易く信頼性が高い

由がわからない。

キ30は七〇〇機、キ32は八〇〇機製造されたが、これを一機種に絞った場合、開発費、部品の大幅削減が可能であった。それを製造費に当てれば一八〇〇ないし二〇〇〇機を揃えられたのではないか、と思われる。

たしかに複数の航空機製造会社に均等に仕事を与え、経営の安定化をはかることも重要だが、その反面、貧しかった日本の戦力向上のためには、兵器の統一化がより効果的であったであろう。

日本陸軍の軽爆撃機自体の性能としては、他国にこの機種が存在しないため比較できないというのが正直なところである。

しかしイギリス空軍のフェアリー・バトルと比べれば、軽快な運動性を有する分だけわが国の軽爆を評価したい。

他方、ソ連空軍は、これまた他国には全く登場しなかった特異な単発の爆撃／攻撃機イリューシンIℓ2シュツルモビクを大量に製造した。

これは強力な装甲を持った重武装の地上攻撃機（主として戦車を目標とする）で、ドイツ陸軍の機甲部隊を相手に大活躍している。

このIℓ2が〝もっとも撃墜しにくい単発機〟であったのは事実のようだが、登場時期がドイツ空軍の凋落と一致していることを忘れてはならない。

もともと軽爆撃機／地上攻撃機は、味方の制空権下でなくては活躍できない航空機なのである。したがってたとえ日本陸軍がIℓ2のような軍用機を保有していたとしても、使うべき戦場が存在しなかったのである。

結論

出力一〇〇〇馬力以下のエンジンを備えた単発の爆撃機を大量に揃えたのは、日本陸軍だけであった。

歩兵主体であった陸軍を支援することが目的とされたのであるから、この種の軽爆は充分に働いたと評価できる。攻撃力は決して大きくないが、信頼性に優れ、運動性が良ければ役に立つのである。

戦線は、陸軍の担当する中国、対ソ国境、東南アジアと広範囲であり、できるかぎり数を増やす必要があった。このためにも一機当たりの価格が低くなければならず、単発軽爆は非常に適した軍用機であった。

加えて軽い攻撃力を持った〝直協機〟を開発したことは、それなりに評価すべきである。

ただしこのキ36については、地上部隊との交信に必要な無線器を使いこなしていたかどうか、という懸念が残る。優秀な無線器なくしては、直協機の能力は半減してしまうからである。

偵察機

日本の陸海軍は、高性能の偵察機の開発に異常とも思えるほど精魂を傾けた。

大戦中の二大偵察機、

○陸軍　三菱一〇〇式司令部偵察機　キ46
○海軍中島艦上偵察機彩雲　C6N
のどちらも、当時としては疑う余地もなく世界最高の性能を誇っていた。
偵察機の能力のすべては、
㈠　敵の戦闘機から逃れるための速度
㈡　長大な航続距離
にかかっている。

	速度	航続距離
司偵	六三〇キロ／時	四〇五〇キロ
彩雲	六二〇キロ／時	四〇〇〇キロ

のデータを見るかぎり、アメリカ、イギリスの戦闘機を大きく上まわる。

なお陸軍いうところの司令部偵察機とは、戦略偵察を目的とするものを言う。要するに敵の戦線の背後深くまで入り込み、広範囲に敵情を探るための偵察機と考えればよい。

一方、近距離用の偵察を目的とする軍用機は〝軍偵／軍偵察機〟と呼ばれ、三菱九九式軍偵察機キ51があった。

実用性が高く、世界最高水準であった一〇〇式司偵（上）、敵戦闘機でも捕捉が困難だった彩雲艦偵（中）、世界初の戦略偵察機として、陸海軍で使用されていた九七式司偵（下）

先のデータから見るとおり、日本の陸海軍は優秀な偵察機を開発し実用化に成功した。

一方、他国は専用の偵察機をほとんど開発せず、もっぱら戦闘機、攻撃機、爆撃機を改造して偵察に使用している。したがってこの項では、これまで掲げてきたような要目・性能などの対比表を作ることができない。

しかし偵察という任務を考えた場合、

○高性能の偵察専用機を揃える

○すでに持っている軍用機を改造する

このどちらが正しいのであろうか。

残念ながら、既製の航空機を改造した上で流用する方が正解と思われる。

その理由としては、

㈠　開発の費用の削減

㈡　機種の統一化

がまず挙げられる。

また、戦闘機などを偵察機に改造するさいには、武装、装甲を取りはずすので重量が軽くなり、本来の目的の場合よりも確実に飛行性能が向上する、といった利点もある。

もともと戦略偵察を任務とする航空機は、〝速度こそ最大の武器〟であって、非武装でよい。偵察の要件のひとつは、「敵に見つからないこと」なのである。

とすれば装備している火器を使って敵と交戦すること自体、偵察の失敗を意味している。次に蛇足とも言えるが、日本陸海軍の〝偵察〟そのものについて触れておきたい。優秀な偵察機を多数揃えておきながら、日本軍の偵察索敵、哨戒は失敗の連続であった。

○ミッドウェー海戦

新鋭の艦上偵察／爆撃機　空技廠彗星（試作機の偵察型）を持ちながら、使いこなせず大敗

○トラック島、パラオ島基地へのアメリカ軍の奇襲

アメリカ軍機動部隊の接近を全く予知できず、大損害を被る

○ニューギニアにおける第四航空軍の壊滅

これまたアメリカ軍の来襲を察知し得ず、わずか一日で戦力の大半を失う

まさに日本陸海軍の偵察、哨戒飛行部隊は眠りこけていたといった体たらくである。立場を変えれば、アメリカ軍の大基地が日本軍の奇襲によって大損害を受けた例など、開戦劈頭のフィリピン、真珠湾を除いて一度としてない。その可能性が高まっていたとはいえ「まだ戦争が勃発していない」真珠湾とトラック島の空襲を同一視する者はいないはずである。

この偵察部隊の不振の原因は、どこに求めるべきであろうか。

結論

日本の陸海軍は、世界でもっとも優秀な偵察機を持ちながら、

『偵察とは何か』

という基本的な課題を見失っていた。これはそのまま各地の戦闘の勝敗に直結している。

言いかえれば、優秀な兵器を持っていたとしても、それを効率よく使いこなさなくては勝利は得られないということであろう。また優れた偵察機を保有することと、偵察という任務を重要視するのとは別の事柄とも思える。

これに気付かなかった日本軍は、敗れるべくして敗れたと断言できるのである。

（注・なお一〇〇式司偵〈新司偵ともよばれた〉、彩雲の以前には、三菱九七式司令部偵察機キ15が活躍していた。これは昭和一二年に東京――ロンドン間の飛行に使われ、〝神風〟号として広く国民に知られた航空機である。本来、陸軍機であるが、本機の高性能に目をつけた海軍が九八式陸上偵察機として採用している。したがって本機は、日本では大変珍しい陸海軍共用の軍用機となった）

飛行艇と水上機

当時にあって世界の三大海軍国は間違いなく日本、アメリカ、イギリスであり、それぞれが他国にはない飛行艇／水上機勢力を配備していた。この種の水上航空機に縁のない若い読者のために簡単に説明しておくと、

○飛行艇　フライング・ボート

胴体そのものが船としての役割を果たしている航空機。一般的には大型機が多い

○水上機　シー・プレーン

胴体の下に大きなフロート（浮舟）を装着している航空機。ほとんどが単発であるということになる。

現在、海上自衛隊が新明和US1救難飛行艇を運用しているが、水上機の方はわが国にはほとんど存在しない。

これらの知識を前提に、早速飛行艇および水上機の評価に移ろう。

一、飛行艇

各国の大型飛行艇

要目・性能＼機種	川西九七式飛行艇	川西二式飛行艇	コンソリデーテッドPBYカタリナ	マーチンPBM 3マリナー	コンソリデーテッドPB 2 Yコロネード	ショートサンダーランド
	日本	日本	アメリカ	アメリカ	アメリカ	イギリス
全幅　m	40.0	38.0	31.7	36.0	35.1	34.4
全長　m	25.6	28.1	19.5	24.4	24.2	26.0
翼面積　m^2	140	160	130	130	165	138
自重　トン	11.7	15.5	9.5	14.9	18.6	15.6
総重量　トン	17.0	28.0	15.4	25.5	30.8	26.3
エンジン総出力 HP	4280	6120	2400	3800	4800	4280
最大速度 km/h	330	430	280	330	360	340
最大上昇力 m/分	380	480	160	230	170	220
上昇限度　m	9600	8800	4500	6350	6400	4900
航続距離 km	5000	4400	2950	3600	3900	3800
武装 口径 mm ×門数	7.7×4 20×1	7.7×3 20×5	7.7 ×5	12.7 ×8	12.7 ×8	7.7 ×8
爆弾など kg	1600	2000	1800	2400	3600	1800
翼面荷重 kg/m^2	83.6	96.9	73.1	115	113	113
出力重量比 HP/トン	366	395	253	255	258	273
翼面馬力 HP/m^2	30.6	38.3	18.5	29.2	29.1	31.0
乗員名	9	10	8	8	9	11
初飛行 年　月	1936年7月	1940/12	1935/3	1939/2	1938/12	1937/10
生産機数	180	170	2400	1300	210	720
	4発	4発	双発	双発	4発	4発

海軍初の四発の飛行艇として生産された九七式飛行艇（上）と、偵察のみならず、攻撃任務にも使用された二式飛行艇

日本海軍は、旧式ながらきわめて信頼性の高かった川西九七式飛行艇Ｈ６Ｋ（九七大艇）を一八〇機製造し、哨戒、連絡、輸送に活用した。

また本機は大日本航空株式会社によって、横浜——サイパン間の定期空路にも就航している。

このような実績をもとにして高性能の川西二式大型飛行艇Ｈ８Ｋ（二式大艇）が一三〇機造られ、九七大艇の後を引き継ぐことになった。

この二式大艇の総重量は三〇トン近く、日本製の軍用機中最大であった。

日本の陸海軍は最後まで実戦に投入可能な四発爆撃機を開発できなかったが、九七式、二式飛行艇は共に四つのエンジンを持っていた。このような大型の飛行艇、

○アメリカ

コンソリデーテッド

PB2Yコロネード

○イギリス

ショート・サンダーランド

を一定数揃えることのできたのは、日本を含めたこの三ヵ国のみである。

別の表からもわかるとおり、二式大艇の性能はコロネード、サンダーランドを大きく上

小型だが、二式大艇の10倍以上も生産されたPBYカタリナ（上）と、兵器としての信頼性が高かったサンダーランド

まわっている。

これはなんといっても、強力なエンジン（火星一二型）によるところが大きい。

また漸新な艇体の設計も、同機の性能向上に少なからず貢献している。

二式大艇は初期にこそ水上滑走中の大事故が続いたが、その後簡単な改造で大きさのわりには扱い易い航空機となった。そしてハワイ・オアフ島の軍事施設に対して爆撃を行なうなど、地味ながら活躍を続けた。

四発飛行艇というほとんど唯一の分野において、日本の航空技術はアメリカを追い越していたようである。

また二重フラップ（下げ翼）、艇体側部の波消し装置、艇体形状は、その後のアメリカの飛行艇研究に多大な影響を与えたといわれている。

その反面、アメリカ側は二式大艇の防弾システムの貧弱さ、全体的な工作程度の低さを指摘した。

ともかく終戦後、アメリカは二機の二式大艇を本国へ持ち帰り、二年にわたってテストをつづけ多くのデータを入手したのであった。これほど綿密な試験に供された日本機は、他になかったと言えるだろう。

アメリカは優れた四発飛行艇を保有できなかったものの、双発機についてはコンソリデーテッドPBYカタリナを実に二四〇〇機、つまり二式大艇の一〇倍以上を製造した。

一方、イギリス海軍はサンダーランド大型飛行艇（四発）を七二〇機造っている。このサンダーランドの性能は初飛行の時期が三年も早かったこともあって決して高いとは言い難い。

その性能はちょうど九七式と二式の中間であった。けれども兵器としての信頼性は充分に高く、種々の任務を確実にこなしている。

結論

九七式、二式に代表される日本海軍の四発飛行艇は地味ではあったが、きわめて有効な兵器と言えた。特に二式大艇は、レシプロエンジンの大型飛行艇としては最高の性能を持っていた。

しかし大型飛行艇の総数から言えば、日本三五〇機、アメリカ三九〇〇機、イギリス七二〇機となり、他の兵器と同様にわずかな性能の優位など全く関係なくなってしまうのであった。

二、水上機

日本海軍ほどこの機種に力を注いだ海軍は他にあるまい。第二次大戦に登場した水上機を挙げると、

○多用途（偵察、哨戒、対潜、軽攻撃）
愛知零式水上偵察機　E13A
三菱零式水上観測機　F1M
中島九五式水上偵察機　E8N
川西高速水上偵察機紫雲　E15K
愛知水上偵察機瑞雲　E16A

○潜水艦搭載用
空技廠零式小型水上偵察機　E14Y
愛知特殊攻撃機晴嵐　M6A（伊四〇〇型搭載用）

○水上戦闘機
中島二式水上戦闘機　A6M2-N
川西水上戦闘機強風　N1K

など、実に多種にのぼる。

　このうち紫雲、晴嵐、強風をのぞく水上機は、艦船あるいは砂浜を基地として素晴らしい活躍ぶりを見せている。なかでも昭和一七年夏、ソロモン諸島のショートランド海域で、これらの水上機群は陸上基地から発進する海軍機を支援しあらゆる任務に参加する。
　水上機の弱点は整備性の悪いことだが、日本海軍の整備員たちはそれを経験で乗り越えて、
　かなり高い稼働率を維持していた。
　列強の海軍を比較すると、
○イギリス　高性能の水上機を保有せず
○アメリカ　中程度の性能を持つボートOS2Nキングフィッシャーのみを活用
○ドイツ　E13とほぼ同じ性能を持つアラドAr196を使用。ただし集団投入はせず
ということになり、水上機部隊を編成して集団的に活用したのは日本海軍だけといえた。

　また前にも述べたが、水上戦闘機を実戦に投入したのは、歴史上からも唯一わが海軍に限られていた。

　それでは次に〝水戦〟以外の日本海軍の水上機を見ていこう。

各国の代表的な水上機

機種 ＼ 要目・性能	愛知 零式 水観	愛知 零式三座 水偵	アラド Ar 196	ボート OS 2 N キング フィッシャー	フェアリー シー フォックス
	日本	日本	ドイツ	アメリカ	イギリス
全幅 m	11.0	14.5	12.4	11.0	12.2
全長 m	9.5	11.3	11.0	10.3	10.9
翼面積 m^2	29.5	39.7	28.4	24.4	40.3
自重 トン	2.0	2.6	3.0	1.9	1.7
総重量 トン	2.6	3.7	3.7	2.5	2.5
エンジン総出力 HP	700	1000	900	450	400
最大速度 km/h	370	390	310	270	220
最大上昇力 m/分	480	340	300	150	150
上昇限度 m	9400	—	7000	4000	3400
航続距離 km	1100	1540	1070	1300	710
武装 口径 mm ×門数	7.7 ×3	7.7 ×1	7.9×3 20×2	7.7 ×2	7.7 ×1
爆弾など kg	120	120	100	90	60
翼面荷重 kg/m^2	67.8	65.5	106	77.9	42.2
出力重量比 HP/トン	350	385	300	234	235
翼面馬力 HP/m^2	23.7	25.0	31.7	18.4	9.9
乗員名	2	3	2	2	2
初飛行 年 月	1936年 6月	1938/10	1938/9	1938/7	1936/7
生産機数	530	1230	440	1520	65
	複葉	単葉	単葉	単発	複葉

まず零式小型水上偵察機は、大型潜水艦に搭載することを目的に設計された非常に特殊な水上機であった。主翼や垂直尾翼はまるで手品のように折りたたまれて、潜水艦の甲板に取り付けられた格納筒におさめられる。

この大きな筒は当然、完全な水密になっていなくてはならず、このためには高度な造船技術が必要なのである。

そして潜水艦に航空機を搭載し、それを実戦に投入したのは日本海軍だけであった。本機は偵察が目的なのでこれといった戦果は挙げていないが、小型焼夷弾を使って二回にわたりアメリカ本土を爆撃している。

零式水上観測機（〝零観〟と呼ばれた）は複葉で、張線（ワイヤー）も張りめぐらされていることから、一見旧式機に見えてしまう。しかし頑丈な構造、俊敏な運動性により重用され、あらゆる任務に使われた。

七・七ミリ機関銃（前方二門、後方一門）しか装備していないにもかかわらず、B17爆撃機の迎撃に出動したことさえある。

零式水上偵察機は他の〝零式〟水上機群と区別するため、〝三座水偵〟と呼ばれていた。巡洋艦、戦艦から発進し、索敵、偵察、哨戒任務である。

零観、三座水偵とも、アメリカ海軍の主力水上機キングフィッシャーと比べてすべての面で優れていた。これはエンジンの出力七〇〇／一〇〇〇馬力対四五〇馬力を見ても明らかである。

ともかく水上機に対する熱の入れ方に大差があるだけに、日本海軍の水上機群は他国のそれを圧倒していた。

戦局が不利になってからでも、前述の紫雲、強風の開発、実戦化を中止しようとはしなかった。

しかしこのような水上機重視の思想は、海軍航空の本筋とは多少喰い違っていたとも言える。

海水と直接触れている水上機の稼働率は、空母艦載機、陸上機と比較するとやはり低い。

このためアメリカ海軍は、水上機の価値をあまり認めようとしなかったのではないか、と推測される。

また日本海軍は戦争初期、大きな戦闘においても、偵察任務を巡洋艦に搭載している水上機にまかせ切っていた。これが昭和一七年六月のミッドウェーにおける大敗北に繋がるのである。

結論

日本海軍の飛行艇、水上機部隊の勢力、個々の航空機の能力のいずれも他国の海軍を圧倒していた。

頑丈で俊敏な運動性により重用された零式水上観測機（上）偵察任務のほか、爆撃にも使用された零式三座水偵（中）、性能的には平凡であったOS2Nキングフィッシャー（下）

事実、これらの水上機は期待に応える活躍ぶりであった。

また水上機の生産数においても、日本はアメリカとほとんど同数であり、これは他の兵器では見られないことといってもよい。

ただしアメリカ、そしてイギリスは早くから水上機の限界に気付き、その縮小をはかっていた。

一方、日本海軍は優秀な水上機を多数揃えていたため、かえってこの機種に深入りしていったのである。

大きなフロートが必要であるから、最終的に水上機は陸上機を性能的に上まわることはできない。となればやはりアメリカ、イギリス海軍の判断が正しかったのではないだろうか。

第三部　陸上戦闘兵器

序論——近代化を阻んだ保守性

どこの国でも陸軍は、海軍（のちには空軍も）と比べて保守的な傾向にある。

この理由は、陸上における戦闘が海上のそれよりも明らかに技術に依存する度合いが低いからであろうか。

現代にあっても旧式の狙撃銃を持った兵士が、近代的装備の軍隊の指揮官を射殺する場合が少なからず存在する。しかし二〇世紀初期に建造された軍艦が、現代のイージス巡洋艦を沈めることなど絶対に不可能なのである。

このように陸軍が海、空軍よりも保守的であるのは、それでもなんとか〝やっていける〟からかも知れない。

第二次大戦のさい同じ枢軸側にありながら、ドイツ陸軍と日本陸軍は技術面、戦術面において両極端といえた。

もちろん、陸軍といえども常に革新的な方向を目指していたドイツに対して、日本は頑迷なまでに旧来の技術、戦術に頼っていたのである。

また日本陸軍の航空機を除く他の兵器のほとんどは、ヨーロッパのもののコピーにすぎなかった。機関銃から大砲まで、その手本となるすべての兵器が存在したのである。

日本海軍も最初は同じ傾向にあったが、昭和のはじめ頃から徐々に自主開発に取り組み、なかには酸素を媒体とする全く新しい魚雷を生み出すまでになっていた。

この兵器の場合、多くの独自のアイディアが盛り込まれ、性能的にも欧米のものを大きく凌駕している。

しかし日本陸軍については、このような兵器も、また新しい戦術も全く誕生せず、広義の軍事技術に関しては最初から最後まで欧米列強の後塵を拝したという他ない。

加えて一九二〇年代から断続的に発生した中国大陸の紛争が、日本陸軍の近代化を大きく阻害した。

詳細は他書に譲るが、一九二七年の第一次山東出兵から一九三九年のノモンハン事件まで、紛争の規模の大小はあったものの、日本軍（主として陸軍）は休むことなく戦っていた。

この間の一九三一年からは、中国軍との全面衝突（満州事変／日中一五年戦争）となり、緒戦時には六〇万人、最終的には一〇〇万人を超える兵士が中国大陸における戦闘に参加する。当時の国家予算の約半分が軍事費であり、そのまた半分が陸軍にまわされていた。

しかし中国における戦争が続くかぎり、それはなお莫大な戦費を必要とした。この日中、そしてノモンハン事件において海軍の役割はきわめて小さく、主役はあくまで陸軍であった。このため陸軍の持つ〝エネルギー〟はすべて大陸での戦争に吸いとられ、

○新しい兵器の開発

○あらゆる意味での陸軍の近代化

はほとんど忘れられてしまった。

この意味からは、旧陸軍が古い軍隊のまま太平洋戦争に突入せざるを得なかった最大の原因は、それ以前から一〇年も続いていた日中戦争にあったと言えなくもない。

たしかに航空機に関しては、後に述べるごとくいくつかの新技術が生まれている。

しかし火器、火砲、戦闘車両といったいわゆる〝陸戦兵器〟では、旧陸軍は列強と

比較して能力の低い兵器で闘わなくてはならなかった。

つまり日中戦争の継続、拡大を強く主張し続けた陸軍の高級軍人たちは、それによって自軍の近代化が遅れるという事態に全く気付かなかったのであった。

第二次大戦の主要な国の軍隊において、軍人が常日頃から長い軍刀をぶらさげていたのは日本陸軍（一部に海軍も）だけである。この事実こそ、日本陸軍の近代化が大きく遅れている証拠であったとは言えまいか。

たしかにニューギニア、フィリピン、ビルマ、硫黄島、沖縄で日本陸軍の兵士たちは勇敢に闘い続けた。ただしそれは性能の良い兵器、新しく考案された戦術、近代的な思想を持った指揮官によるものではなく、兵士個人々々の闘志に支えられたところが大きい。

これらの事柄をまず確認したあと、種々の陸上戦闘兵器の比較を試みよう。

小銃

陸軍戦力の中核となるのは、現在にあっても歩兵であり、その主要な兵器は間違いなく一人一人の兵士が手にする小銃である。

各国の主要な小銃

名称	三八式歩兵銃	九九式小銃	モーゼルKAR98	カルカノM1938	M1ガランド	エンフィールド4MK1	モシンナガンM1918	ミリエM1936
要目	日本	日本	ドイツ	イタリア	アメリカ	イギリス	ソ連	フランス
口径 mm	6.5	7.7	7.92	7.35	7.62	7.69	7.92	8.0
全長 cm	127	112	110	102	110	113	114	102
銃身長 cm	78	66	67	58	60	68	67	57
重量 kg	4.0	3.7	4.0	3.4	4.3	4.0	4.0	3.7
装弾数 発	5	5	5	6	8	10	5	5
装塡方法	ボルト	ボルト	ボルト	ボルト	セミオート	ボルト	ボルト	ボルト
制式年度	1905	1939	1935	1936	1937	1917	1918	1936

第二次大戦において、各国の歩兵が使用していた小銃を別表に示す。

制式年度から言えば旧陸軍の三八式（明治三八年式）歩兵銃がもっとも古い。しかし他国の軍隊も第一次大戦当時の小銃あるいはその発展型を次の大戦でも使っていた。

三八式の数値を見ていくと、ともかく長くて重いことがわかる。他国の標準的な小銃よりも全長では一五センチ、銃身長でも一〇センチも長い。

重量四キロは特に重いとも言えないが、各国の兵士の体格を考えると身体の小さな日本人には明らかに重すぎる感が拭えない。

昭和一五年（一九四〇年）当時、
日本軍兵士の平均体重五五キロ
欧米の白人兵士の平均体重七八キロ
と、二〇キロ以上の差があったことを知ると、三八式の重さがわかろうというものである。

もっともこのため発砲時の反動がきわめて小さく、これは数字に表われない長所でもあった。

三八式の場合、これ以外に次のような特徴が見られた。

㈠　製造のための規格の統一が、きちんとなされていなかったため、部品の互換性が低かった

㈡　製造された時期により、加工の精度にバラツキがあった。一説によると、古い銃ほど精度が高かったといわれている

特に昭和一八年後半から造られたこのタイプの小銃は粗悪で、命中率が大幅に低下していた。

日本陸軍は一九三〇年代の末から、口径を七・七ミリと大きくした九九式小銃を配備しはじめている。

これには驚くべきことに対空射撃用照尺が付けられていたが、その効果については疑問が残る。

日本陸軍が使用した二種の歩兵銃、三八式と九九式の比率ははっきりしない。多分、

終戦直前の段階で、八対二といったところであろうか。

それにしても前者の口径は六・五ミリ、後者は七・七ミリで当然、弾丸の互換性はない。

製造時期により、命中精度にバラツキがあった三八式歩兵銃（上）、製造コストは2倍だが、火力、命中率ともに高かったM1半自動小銃（中）、モーゼルKAR98小銃（下）

この点について日本陸軍の上層部はどのように考えていたのか、いずれの資料も明確にしていないようである。

もっとも同盟国イタリアも六・五ミリと七・三五ミリの実包を併用していたから、あまり気にしていなかったのかも知れない。

大戦中の各国の歩兵銃はすべてボルト・アクションで、性能的にも大差はない。しかし、その中で表からもわかるとおり、唯一アメリカ陸軍だけがM1半自動小銃（別名ガランド・ライフル）を配備している。

これは引き金を発射のたびに引きさえすれば、弾丸のあるかぎり発砲が続くという優れたライフルであった。

単位時間当たりの発射回数は、ボルト・アクション方式の三倍に達し、また引き金から装てんのたびに右手の指を離さなくてもよいため、命中率も高かった。

その反面、製造のコストは約二倍であったと思われ、豊かな国アメリカだからこそ半自動ライフルをすべての歩兵に持たせることができたのであろう。

このM1ライフルと比較した場合、三八式、九九式とも旧式であって、まともに比べるのは不可能である。しかしアメリカ以外の陸軍の小銃との比較では、品質の高い三八式歩兵銃はそれほどの遜色はなかったと考えられる。

これはイギリス陸軍の戦後の報告にも記載されているが、それによると、

㈠　三八式歩兵銃のうちのいくつかは、非常に丁寧に造られており、発射時の反動も小さく、命中率も高い

㈡　手入れがきちんと行なわれているかぎり、耐久性も充分である

㈢　ただし一部には工作精度が低く、同じ規格の小銃とは思えないものもあるとなっている。

日本軍歩兵の主力小銃であった三八式については、この評価が正当なのではあるまいか。

なお九九式の評価は、

㈠　全く不必要と思われる単脚架（狙撃時に用いる銃を支えるための棒）がついている

㈡　対空狙撃用の照尺があるが、これまた役に立つとは思えない

㈢　命中率に関しては三八式と比較してわずかであるが低い

というものである。

結論

日本軍兵士の体格を考えれば、歩兵用小銃はより軽く、より短い方が扱い易かったと考えられる。しかし白兵戦（至近距離の戦闘。敵味方がすぐ近くで斬り合ったり、拳銃を射ち合ったりする形の戦闘）を重視していた日本陸軍にあっては、そのような要求は全く無視されたであろう。

また列強陸軍の小銃、

ドイツ軍　モーゼル98K
イギリス軍　リーエンフィールド3／4
アメリカ軍　M1903スプリングフィールド
　　　　　　M1917エンフィールド
　　　　　（M1半自動ライフル登場以前）

を見ても、性能的にそれほど差はなかったようである。

たしかに三八式は旧式であったが、その反面、口径が六・五ミリと小さく、反動も少なかったことは大きな長所であった。

他国の陸軍の小銃の口径はすべて七ミリ以上であったが、現在の視点から振り返るかぎり、六・五ミリで充分である。

一九六一年から本格化したベトナム戦争において、アメリカ軍が使用したM16ライフルの口径に至っては五・五六ミリ（二二口径）となっていることも、この事実を裏付けている。

機関短銃あるいは短機関銃

主として威力の小さな拳銃の弾丸を流用した携行可能な機関銃を「機関短銃」あるいは「短機関銃」と呼ぶ。

市街戦、密林の中の戦いといったところで、これは発射速度が大きいためきわめて有効な武器となる。また、塹壕戦における掃射用としても重要であった。

イギリス　ステン（九ミリ）
アメリカ　トンプソンM1A1
　　　　　M3グリースガン
ドイツ　MP38〜41
ソ連　PPSh一九四一

などの短機関銃は、いずれも百万梃を超す数が製造されている。

製造費が高く少数の生産で終わった一〇〇式短機関銃（上）。プレス加工を多用し、大量生産向きのステン短機関銃（下）

一方、日本陸軍はこの兵器をほとんど重視せず、ようやく昭和一七年になって一〇〇式短機関銃を制式化した。

この一〇〇式は性能的には一応の水準にたっしてはいたが、如何《いかん》せんあまりに製造数が少なかった。その正確な数は不明だが、欧米各国の百分の一程度といわれている。

日本陸軍はこの兵器の製造費がかなり高いものと考え、量産に前向きでなかった。

また大量の弾薬を消費することから、補給の困難さが懸念されたのである。

しかしイギリスのステン、アメリカのＭ３などはプレス加工を多く取り入れ、小銃とあまり変わらない価格を実現させた。もしかすると、製造のさいの手作業の多い三八式歩兵銃より安かったかもしれない。

戦後のアメリカ、イギリスの軍事専門家たちは、「日本軍は重火器の不足もあり、接近戦を好んだ。しかしこのさい必要な短機関銃を持たなかったことは、戦力的に大きなマイナスであった」と評価している。

機関銃

最初におことわりしておくが、ここではもっぱら陸上戦闘に用いられる機関銃についてのみ言及する。

機関銃には重、軽機関銃があるが、この区別ははっきりしない。特に日本陸軍の主力機関銃は、

一一年式軽機関銃　口径六・五ミリ
九六式　軽　〃　　〃
三年式　重　〃　　〃
九二式　重　〃　口径七・七ミリ
九九式　軽　〃　　〃

各国の主要な機関銃

名称 ＼ 要目・性能	九九式 軽機	九二式 重機	MG 34	M 1919	M 2 重機	ビッカース Mk 1	DShK M 1938 重機
	日本	日本	ドイツ	アメリカ	アメリカ	イギリス	ソ連
口径 mm	7.7	7.7	7.92	7.62	12.7	7.69	12.7
全長 cm	110	115	122	106	163	109	160
重量 kg	10.4	28.0	12.1	14.0	38.2	15.0	34.0
装弾数 発	保弾板 30	保弾板 30	ベルト 50	ベルト 50	ベルト 110	ベルト 40	ベルト 250
制式年度	1939年	1932	1939	1919	1921	1912	1938
用途	陸戦用	陸戦用	多用途	陸戦用	多用途	陸戦用	多用途

の五種類、口径は二種類となっている。

つまり口径わずか六・五ミリでも、重機関銃が存在するのである。重、軽の差は、構造、架台が重く頑丈に造られているかどうかといったことに過ぎない。

また使用する弾薬については、

三八式歩兵銃　口径六・五ミリ

九九式小銃　口径七・七ミリ

と共通になっていた。

他方アメリカ軍は、

○軽機関銃　Ｍ１９１９　口径七・七ミリ

○重機関銃　Ｍ２　口径一二・七ミリ

とはっきりと分かれている。

この重軽機関銃について、

○アメリカ、ソ連陸軍

口径が大きく異なる機関銃を開発

○日本を含む他の列強陸軍
口径七・七ミリ（一部に七・六ミリ）の重軽機関銃に頼り、対空用を除いて大口径重機（アメリカ一二・七ミリ、ソ連一四・五ミリ）を開発せず
という形になった。

これらのうちブローニングM2重機関銃はこの種の兵器の最大傑作といわれ、一九二一年に制式化されながら現在に至るも相変わらず製造が続いている。

アメリカ陸軍の戦車、装甲車はもちろん、空軍の戦闘機、海軍の小艦艇まで、ほとんど同じ仕様のまま使われ、これまでの製造数は五〇〇万梃に達した。

日本の場合、
○陸軍が
三種の軽機関銃
二種の重機関銃
○海軍が
三種の機関銃（重・軽の区別はなし）
を使っていたが、アメリカ軍はこれに対して、軽M1919、重M2で一本化されていたので、数から言えば日本の二、三〇倍を揃えられたのである。

これでは機関銃の威力の比較が無意味となろう。

構造的に見た場合、日本陸軍の機関銃はかなり繊細であり、故障が多いように見受けられる。

発射弾数は少ないが信頼性は充分に高かった九二式重機関銃（上）、多目的機関銃の成功作といえるMG34／42（中）、1921年採用以来、現在も使用されているM2重機関銃（下）

しかし銃弾を板に並べる〝保弾板〟による給弾システムは、送弾時の詰まり（ジャミング）防止には大いに有効であった。

また三八式、九九式小銃と機関銃の銃弾の共通化は高く評価しなくてはならない。弾丸の威力としては少々劣るが、実戦の場において大量の弾丸を消費するさいにこれほど心強いことはあるまい。

また九六式、九九式軽機はほとんど同じ構造を取り入れ、部品も共通化し、

九六式→三八式歩兵銃

九九式→九九式小銃

との銃弾の組み合わせを可能にしている。

この種の〝共通化〟は日本陸軍としてはきわめて珍しいと言える。

ただし日本の機関銃は三〇発入りの保弾板を使用しており、五〇発が入る欧米のベルト給弾式と比べたとき、連続発射の弾数は少ない。

それとも日本の技術陣はそれを知りながら、ジャミング防止効果を重視したのであろうか。

結論

第二次大戦中の機関銃の評価に関しては、
○軽機関銃
アメリカのＭ１９１９
ドイツのＭＧ34／42
○重機関銃
アメリカのＭ２
ソ連のＤＳｈＫ１９３８
が圧倒的である。

日本陸軍の九二式重機は口径が七・七ミリと小さい点を除けば、それなりの評価を受けていた。戦後のイギリス陸軍によるテストでも、『装塡する弾丸、薬きょうの汚れにさえ注意すれば、性能、信頼性とも充分に高い』との結果が伝えられている。

迫撃砲

歩兵の扱う小口径の火砲を〝迫撃砲〟という。この兵器は、直径六〇～一二〇ミリの砲弾を曲射弾道で最大五〇〇〇メートル先まで射ち出すものである。一部には運搬用の車輪を持つものもあるにはあるが、大部分は分解（砲身と台座に）して運ばれる。

あらゆる兵器の中で、迫撃砲ほど年代によって変化しないものも少ない。第一次世界大戦から現在まで、口径、砲弾の種類、そして性能ともほとんどそのままである。また口径が同じとすれば、どこの国の迫撃砲も大同小異で、問題となるのは保有数のみと考えてよい。

日本陸軍の主力となる迫撃砲は、九七式曲射歩兵砲（口径八一ミリ）であった。性能、要目に関しては、別掲の表に示すが、このデータからも先の事実が裏付けられている。

保有数以外の問題としては、車両に搭載されたまま発射できる状態、いわゆる自走化できるかどうかにかかっていた。

日本以外の陸軍は一九四二年初頭にはある程度の自走化が終わっていた。

アメリカ　M3ハーフトラック
イギリス　ブレンガン・キャリアー
ドイツ　SdKfZ250系

各国の小、中口径迫撃砲

名称 / 要目・性能	九四式軽	九七式曲射砲	34型	TM 35型	M1 81 mm	M2	3インチ	M1937
	日本	日本	ドイツ	イタリア	アメリカ	アメリカ	イギリス	ソ連
口径 mm	90	81.4	81	81	81	60	76	82
重量 kg	160	67	62	59	62	19	65	61
最大射程 m	3800	2900	2400	4000	3200	1800	1500	3100
制式年度	1934	1937	1934	1935	1942	1941	1917	1937

注・九四式軽迫撃砲は、本来なら重迫撃砲と呼ぶべき火砲であった。

といった装甲車に、口径八〇ミリ程度の迫撃砲を積み込んだ自走迫撃砲を数百台も揃える。

迫撃砲運用のひとつとして、発射位置のすみやかな移動がある。同じ場所から射ち続けていると、それを敵に知られ反撃されるのである。

この理由もあって自走化が考えられたのだが、これまた日本陸軍は立ち遅れてしまった。

しかしこの種の兵器に関して、陸軍がかなり力を注いで開発したものもある。そのひとつが小型の迫撃砲とも呼べる八九式重てき弾筒であった。

（注・てき弾・擲弾とは手の平に載る程度の小型の砲弾のことである）

この兵器は手榴弾の三個分の威力を持つ砲弾を、六〇〇メートルの距離まで射ち出せる。また台座がわん曲した簡単な板から造られており、重量はわずか五キロであった。

その反面、発射時の仰角を固定することができない構造であり、命中率は高いとは言えなかった。

加えて日本陸軍は、三八式、九九式小銃の銃口に取り付けて発射する〝小銃てき弾〟を多用した。これは手榴弾とほぼ同じてき弾を二〇〇メートルほど射ち出すもので、密林の中の戦い、市街戦ではそれなりに有効と言われていた。

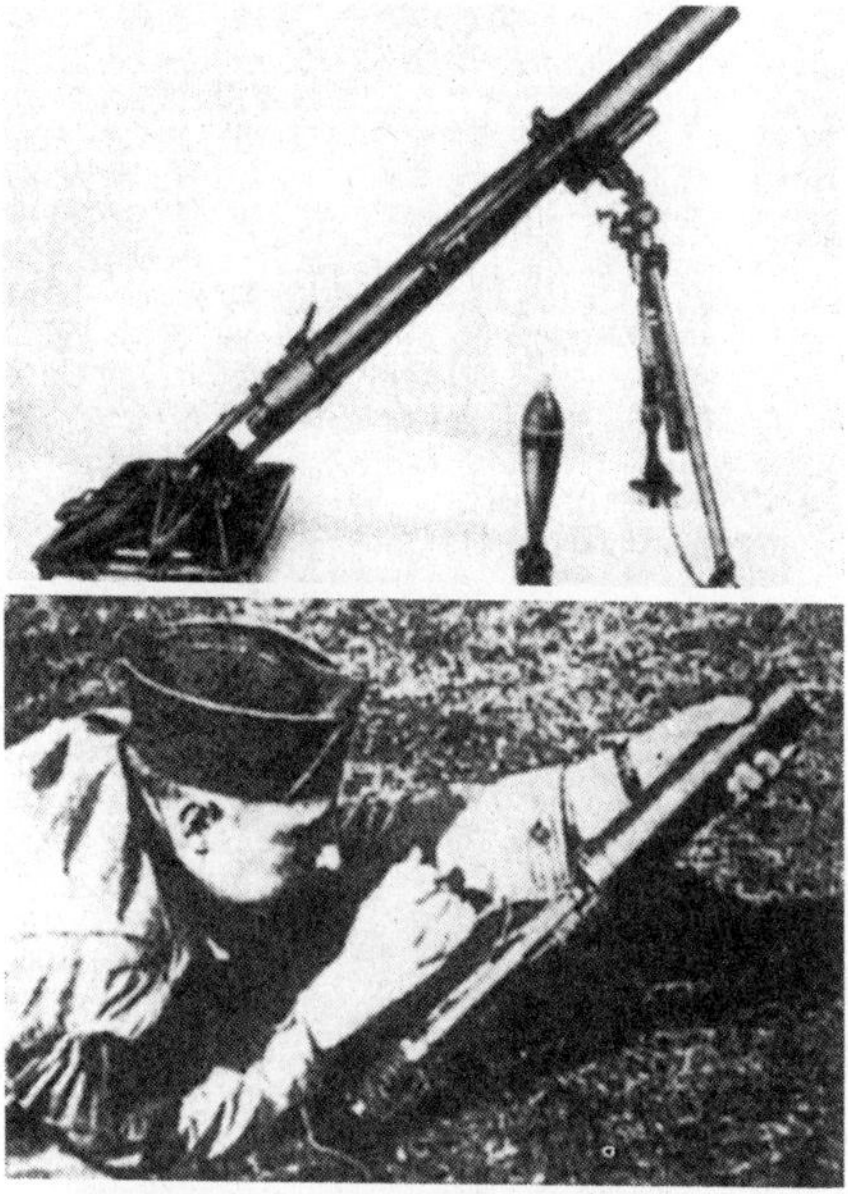

口径を隠すために〝軽迫撃砲〟と呼ばれていた九四式迫撃砲（上）と、簡易迫撃砲として活躍した八九式重てき弾筒（下）

しかし命中率については、弾道が曲線となるのでそれほど期待できなかった。

重てき弾筒、小銃てき弾が接近戦に適していることはアメリカ軍も認めており、のちに肩射ち式のてき弾筒M72を開発する。

これは手榴弾の一・五倍の威力を持つ砲弾

を三〇〇メートルまで飛ばすことができ、価格は一門当たりわずかに一五〇ドル（一万八〇〇〇円・一九九〇年）にすぎない。

このためアメリカ陸軍、海兵隊をはじめ、世界二六ヵ国の陸軍で採用されている。

この祖先こそ八九式てき弾筒とも言い得るのである。

なお日本陸軍の迫撃砲は、

一一年式曲射歩兵砲　口径七〇ミリ
九四式軽迫撃砲　〃九〇ミリ
九七式曲射歩兵砲　〃八一ミリ
九九式迫撃砲　〃八一ミリ
八九式重てき弾筒　〃五〇ミリ

の五種類であった。このすべてがどうみても迫撃砲であるのに、他の呼称が使われた理由ははっきりしない。

また九四式軽迫撃砲の口径九〇ミリは、日本陸軍のこのタイプのうちで最大であった。それにもかかわらず〝軽〟としたのは、大口径である事実を、他国の陸軍に隠すためであったと思われる。

これが真相なら、たかが迫撃砲の口径を隠そうなどとは、日本陸軍の幼児性もここに極まれり、といった気さえする。

火砲

陸軍が扱う火砲の種類は多種多様で、正確な名称、役割を理解するだけでも大事《おおごと》である。またその区分もいろいろな面で重なり合っていて、専門家でもない限りどのように用いるのかはっきりしないものさえある。

また、それらを詳細に説明しようとすると、それだけでもかなりのスペースを必要とするので、最小限の解説に絞って話を進めていきたい。

日本陸軍の兵器の大部分は、残念ながらドイツ、イギリス、フランス製の兵器のコピー、あるいはそれに独自の改良を加えたものであった。

艦艇、航空機、戦闘車両といったものについては、昭和に入ってからほとんどオリジナルの設計となっている。

しかし機関銃、火砲（大砲）は前述のとおり外国のモデルから発展したものであるから、対比すること自体意味がないとも言い得る。これはなんとも気になるところであるが、事実はなんら変わらないのである。
その一方でいくつか日本軍が開発した兵器もあり、これに関してはなるべく細かく紹介していくつもりである。
なお前述の大型兵器（艦船、航空機、戦車など）と比較して、火砲の類についての資料は決して多くない。もちろん研究者、エンスージアストの数も極端に少なくなる。
これらを踏まえて、本項に目を通していただくことをお願いしておこう。
（注・なお日本陸軍は口径をセンチで表示しているが、他国はミリの場合が多い。したがってここでは併用することにする）
さて、日本陸軍が複数の砲兵連隊を投入して、敵の砲兵と大砲撃戦を実施したような戦闘はどのくらいあったのであろうか。
（注・この種の戦闘を対砲兵戦と呼ぶ）
現実の戦闘としてはきわめて少なく、
昭和一四年七月　ノモンハン事件
昭和一七年二月　シンガポール要塞攻略戦
昭和二〇年四月　沖縄の戦い
程度である。

このうちシンガポールでは、立て篭るイギリス軍の反撃はそれほど強いものではなかった。

また沖縄の場合、日本陸軍は機甲戦力の弱体化をおぎなう意味から、大砲兵軍団を配備していた。

しかしアメリカ軍は上陸前に爆撃、艦砲射撃を徹底的に実施し、日本軍砲兵の威力を削ぐ。このため三分の一程度の重砲が、本格的な戦闘以前に破壊されてしまったのである。

このように見ていくと、日本軍の大砲兵部隊が広大な戦場で思う存分砲撃を行なう、といった場面は一度として実現しなかったことがわかる。

太平洋戦争直前に起こったノモンハン事件（極東ソ連軍との大規模な国境紛争）のさい、日本陸軍は史上最大の砲兵の集中配備を行なったが、このときでも投入された重砲（口径一〇センチ以上）の数はわずか八二門にすぎなかった。

アメリカ、イギリス、ソ連陸軍は一ヵ所の戦場に一〇〇〇～三〇〇〇門、ドイツでも五〇〇～一〇〇〇門を揃え、攻勢準備射撃を実施している。

この規模と比べたとき、日本陸軍の砲兵戦力は五分の一ないし一〇分の一にも達していない。

またのちに述べるように、火砲の性能、能力からいっても大幅に劣っていた。あらゆる点で日本陸軍の砲兵部隊は弱体であったというしかない。なんとか他国の陸軍の水準にあったのは、もっぱら歩兵部隊が取り扱う〝軽砲〟のみである。

次に陸軍の兵器の呼び方（特に火砲に関して）が複雑なので、個々の説明に入る前に説明を付け加えておく。

陸軍の兵器の呼称を知ろうとするとき、思いもかけず面倒なのが制式化したときの年号である。これは和暦と、今では全く使われなくなった皇紀が入り乱れているからである。

たとえば、

三八式歩兵銃　三八式野砲　明治三八年（一九〇五年）制式化

四年式一五センチ榴弾砲　大正四年（一九一五年）制式化

などは一応判り易い。

しかし、八九式戦車となると皇紀二五八九年／昭和四年（一九二九年）制式化であり、和暦から皇紀へと変わってしまう。

したがって、

○三八式○○兵器は四年式○○兵器よりもかなり古く
○八九式○○兵器は四年式よりも新しい
と知っていなければならない。

もうひとつ混乱を招き易いのは、昭和一五年（皇紀二六○○年／西暦一九四○年）制式化の兵器である。

この年に完成したもっとも有名なものに、三菱零式（制式にはレイシキ）艦上戦闘機がある。

しかし九九式（これは陸海軍共通）のつぎの兵器の呼称を、陸軍は一○○式とした。これは陸海軍の対抗意識から生じたことであろうか。そして昭和一六年から陸海軍とも、再び一、二、三式と年ごとに一ケタで呼ぶ。

つまり陸軍の戦闘機一～五式戦闘機、戦車一～五式中戦車といった具合に年号と一致させている。

これに加えて制式化の年号と、実際に配備された年とが、かなり喰い違っている兵器も存在する。ただしそれらは、いずれも中心となるものではない。

陸上戦闘兵器は艦船や航空機と異なって耐用年数がきわめて永い。

太平洋戦争における日本軍の野戦砲の主力は三八式野砲であった。明治三八年から

和暦	西暦	皇紀
明治		
38	1905	2564
39	1906	2565
40	1907	2566
41	1908	2567
42	1909	2568
43	1910	2569
44	1911	2570
45	1912	2571
大正		
1	1912	2572
2	1913	2573
3	1914	2574
4	1915	2575
5	1916	2576
6	1917	2577
7	1918	2578
8	1919	2579
9	1920	2580
10	1921	2581
11	1922	2582
12	1923	2583
13	1924	2584
14	1925	2585
15	1926	2586

大正一二年まで製造され、その後、昭和元年から仰角を大きくし、射程を延長した改造型が出現する。

これは「改造三八式野砲」と呼ばれ、昭和の初期まで四五〇門が造られている。したがって日本陸軍は終戦まで、明治三八年に制式化された大砲で闘い続けたのであった。

それはともかく、旧軍の陸戦兵器の呼び方については、かなり判りにくいことは事実である。

現在の自衛隊の兵器の名称は、すべて西暦に統一され、六一式、七四式、九〇式戦車のように一目で制式年度が理解できるようになっている。

野戦砲

野戦砲とはフィールド・ガンの訳語で、もっぱら砲兵が専門に扱う比較的大型の火砲を指す。大砲の種類とその分類は、それぞれの役割が重なり合っていることもあり非常に判りにくい。そのため比較論を展開するまえに、ごく簡単に整理しておく必要がある。

㈠　加農砲《かのうほう》、野砲《やほう》

比較的軽い砲弾を高初速で遠くへ射ち出すための大砲で、砲身が長くなっている。なお加農とは聞き慣れない用語だが、英語のキャノン・Ｃａｎｏｎの当て字である。発射時の仰角は三〇度以下で命中率は高い。

㈡　榴弾砲

重い砲弾を低初速で射ち出し、射程は㈠ほど大きくないが、一発の威力は大きい。発射時の角度は三〇ないし四五度。

この、㈠、㈡についてはもっぱら〝砲兵連隊〟が扱う。

㈢　大隊砲、歩兵砲、山砲

各国の中口径砲

名称 ＼ 要目・性能	九二式 10.5センチ 加農砲	18/40 式野砲	M 37 75/32 加農砲	M 2/3 榴弾砲	25ポンド 野砲
	日本	ドイツ	イタリア	アメリカ	イギリス
口径 mm	105	105	105	105	106
重量 kg	3730	1990	1280	2260	1800
射程 m	18280	13520	12700	11150	12250
砲弾重量 kg	15.7	14.5	16.3	15.0	15.3
制式年度	1932年	1940	1932	1934	1940

注・ソ連軍はこのクラスの野戦砲を保有しなかった。

いずれも口径七五ミリ前後の小型の火砲である。分解して馬の背（駄馬運搬）で運ぶことができる。分類としては㈠に属するが、操作するのは歩兵である。威力としては同口径の野砲よりかなり低い。

日本陸軍の主な野戦砲（大砲）の口径と種類を次に示す。

○七五ミリ

四一式山砲　　重量〇・五トン

九二式歩兵砲　〃　〇・二トン（大隊砲とも呼ばれた）

九四式山砲　〃　〇・五トン

三八式野砲　〃　〇・九トン

九〇式野砲　〃　一・四トン

○一〇センチ（実質的には一〇五ミリ）

一四年式加農砲　重量三・二トン

九二式　〃　〃　三・七トン

○一二センチ
三八式一二センチ榴弾砲　重量三・八トン
○一五センチ
四年式一五センチ榴弾砲　重量二・八トン
八九式　〃　加農砲　〃　一〇・四トン
九六式　〃　榴弾砲　〃　四・四トン
九六式十五センチ加農砲　重量二五トン

これらの数字から判るとおり、もっとも重く威力のある大砲は加農砲であって、そのため九六式の重量に至っては実に二五トンもある。

日本陸軍が大量に生産した九七式中戦車の重量が約一五トンであるから、それよりも一〇トンも重い。

（注・日本陸軍最大の火砲は九六式二四センチ榴弾砲で、重量は三八トンに達していた。

ただし製造数はごくわずかである）

火砲／大砲に関して重要なことは、移動あるいは運搬の方法である。

各種の牽引車（砲兵トラクター）はもちろん、トラック（自動貨車）さえ充分に配備されていなかった日本陸軍にとって、砲の運搬はもっぱら、

○人力と馬に載せて運ぶ駄馬運搬

○台車ごと車で曳く馬運搬（馬匹牽引とも言う）

に頼らざるを得なかった。

これは日本軍だけではなくドイツ軍、ソ連軍の一部も同様であって、アメリカ、イギリスのみが砲の運搬に牽引車、トラックを使っている。

なかでもアメリカ軍の砲兵部隊は第二次大戦直前には完全に機械化されており、

○口径一〇五ミリ未満の砲はトラックで

○口径一〇五ミリ以上はM5あるいはM13などのトラクターで

牽引するようになっていた。

馬で曳くか、自動車／トラクターで曳くかは、火砲の構造にも大きく関係する。

空気の入ったゴムタイヤ付の火砲の牽引可能速度は四五キロから六五キロ程度までであるが、ソリッドゴム、木製の車輪ではどう考えても二〇キロ以下でしか走れない。それ以上では振動で架台が破損する恐れが出てくる。

そのうえ少しでも路面が荒れていれば一〇キロ／時以下となってしまう。

移動／運搬が迅速かつ容易であることは、そのまま砲自体の効率的な運用に結びつくのは言うまでもない。

ノモンハン事件、太平洋戦争において、日本の砲兵部隊は、
○牽引車の不足
○輓馬の敵の砲弾による死傷
が相次ぎ、移動、撤退のさい大型の火砲を戦場に放棄せざるを得ない場合が多かった。

火砲の解説の最初に運搬の問題を取り上げた理由は、このことが日本陸軍の火砲の開発にさいして、常に重荷になっていたからである。

小型のトラクター、あるいは全輪駆動のトラックを保有できず、そのため火砲の大部分は威力の小さいものに限られてしまったと言えるのである。

それでは個々の火砲の種別に見ていくことにする。

一、加農砲、野砲

日本陸軍の加農砲の主力は、
○九二式一〇センチ加農砲
○八九式一五センチ加農砲
であり、また野砲は、

○改造三八式七・五センチ野砲
○三八式七・五センチ野砲

である。

数の上からは三八式が全体の八割を占め、約三〇〇〇門が配備されている。しかし三八式はその呼称からも判るとおり、明治三八年制式化した旧式な大砲であった。同じ口径（七・五センチ）でも昭和一〇年に採用された九〇式機動野砲は、射程が二割伸び、またその名のとおり機動力も格段に優れていた。

この九〇式が多数揃っていれば、日本陸軍の砲兵戦力は大幅に向上したはずだが、実際には三八式／改造三八式の五分の一以下しか製造されていない。

九二式一〇センチ加農砲は一八キロメートルを超す射程を有し、日本陸軍の火砲の中では最大級の威力を誇っていた。

また、ようやく輓馬／馬匹牽引を止め、九二式五トントラクターで曳くことが可能となっていた。それでもサスペンションの構造から、牽引時の最高速度は一六キロにおさえられ、これは九二式トラクターの性能からいっても限界であった。

一方、アメリカ軍はM13高速トラクターを開発し、三倍の重さのM2榴弾砲を四〇キロ／時の速度で牽引している。

砲兵牽引車について触れるとすれば、たとえば、
日本　　九八式六トン牽引車　エンジン出力一二〇馬力
アメリカ　M４　八トン牽引車　エンジン出力三六〇馬力

日本陸軍の火砲では最大級の威力をもっていた九二式加農砲（上）、主力野砲として全体の八割を占めていた三八式野砲（中）、大きな機動性をもっていたM2加農／榴弾砲（下）

と、これまた能力に大差があった。

このように見ていくと加農砲、榴弾砲に限らず、すべての火砲に関して重要な事柄は見かけの要目、数字で表わされる性能ではないような気がする。

優れた火砲とは重い砲弾を、少しでも遠くへ、かつ正確に送り込むことを意味しているが、現実には製造に要する費用、広い意味での耐久性、取り扱いの容易さといったものの方が重要なのではあるまいか。

また戦場に到着してから、初弾発砲までの時間の短縮なども戦闘の勝敗にそのまま影響することは記すまでもない。

残念ながらこれらの点について徹底的に研究されているのはやはりアメリカ、イギリス製の重火器であった。

そしてこの両国を比べた場合、アメリカが大きく抜きん出ている。

大砲を『戦場の支配者』と呼び、砲兵を重視していたソ連陸軍でさえ、この面で言えばアメリカに水をあけられていた。

枢軸側の雄であるドイツもまた火砲の能力では、米、英、ソ連に及ばなかったのである。

これは大口径砲のサスペンション、車輪の構造を見れば一目瞭然であり、全般的に

各国の野戦重砲（榴弾砲）

要目・性能＼名称	九六式	M 18	M 37/42	M 2	6インチ	M 1910
	日本	ドイツ	イタリア	アメリカ	イギリス	ソ連
口径 cm	15.0	15.0	14.9	15.5	15.2	15.2
重量 kg	4140	3650	2530	5440	4200	4140
砲弾重量 kg	31.3	43.1	42.6	43.1	45.5	50.8
最大射程 km	11.9	13.3	15.3	14.6	10.4	11.7
制式年度	1936年	1928	1938	1942	1932	1917

注・M2のみ加農/榴弾兼用。

一時代前の大砲と呼ぶしかない。

結局、この分野の技術力の差は、そのまま国力の差に繋がってしまうのであった。

二、榴弾砲

本編では野砲／加農砲と榴弾砲を分けて紹介してきたが、現在に至るとその区別は徐々に消えつつある。また当時にあっても、新しく登場した火砲ほどこの差が希薄になっている。

ところが日本陸軍は、これに関してたとえば、

加農砲（九二式）一〇センチ

榴弾砲（九六式）一五センチ

と厳密に区別して製造、配備を続けてきた。

しかし実戦においてもっとも必要とされたのは、皮肉にもこの二種のちょうど中間的な火砲であったようである。

車両による牽引方式を採用した九六式15センチ榴弾砲（上）、航空機でも輸送が可能だったM2／3 105ミリ榴弾砲（下）

つまり口径は一〇〇ミリ、重量は二ないし二・五トン、射程は一〇～一二キロといった榴弾砲がどこの陸軍でも中心となっていた。

なぜなら、

○運用、運搬の容易さ

○砲弾の取り扱い（これは単位時間当たりの発射回数に比例する）

○製造コストの問題

といった面から絞っていけばおのずから決定される。

このような原則に従って開発された二種、

○アメリカ　M2／3一〇五ミリ砲

○イギリス　二五ポンド砲

は、共に砲兵史上に残る優秀な火砲となった。

またいずれも榴弾砲とはいえ、野砲、加農砲的な使い方もでき、対戦車用の榴弾、

短時間で分解、組み立てが可能であった四一式山砲（上）、砲身が短すぎ命中率が低かった九二式歩兵砲（中）、主に空挺部隊で使用されていたパックハウザー 75ミリ空挺砲（下）

徹甲弾も発射可能なのである。

アメリカ、イギリスの陸軍は、これに加えてすでに何度も紹介したM２一五五ミリ榴弾砲を大量に配備し、この三種の野戦砲を中心として闘い続けたのであった。

典型的な榴弾砲の中で、もっとも優秀なものを選ぶとすればやはり、アメリカ陸軍M２／３一〇五ミリ砲であろう。

このM２／３は、あらゆる面で徹底的な研究の末に生まれたものであった。威力としてはごく平凡といえる一方で、使い易さを見るかぎり、日本軍の榴弾砲など足元にも及ばない。

たとえば、それは次のような理由による。

(一) 重量はそれまでの同じ口径の砲の七割まで軽量化され、普通のトラックで牽引可能となった。短い距離なら八〇万台も製造されたジープでも引くことができる。

(二) 標準型はM２であるが、最初から砲身を短くしたM３が造られた。これは自走榴弾砲として使われるタイプで、M７プリーストといった戦車の車体利用の車両に載せられ大いに活躍した。

(三) 懸架装置をいくつか用意し、自走砲以外に種々の用途に適合させるように設計されていた。したがって簡単な架台を設ければ、舟艇からも発射可能であった。

㈣ 一〇五ミリクラスの火砲では、はじめて航空輸送を開発の条件に加えていた。

つまり分解すれば、ダグラスC47スカイトレーン／ダコタ、カーチスC46コマンドといった双発輸送機で簡単に運ぶことができた。

このM2／3と比べて、日本の榴弾砲は、
○三八式／四年式　一五センチ榴弾砲
○九六式　一五センチ榴弾砲
○四五式　二四センチ榴弾砲
が主力であった。
ただし三八式とその改良型である四年式はいずれもあまりに旧式で、欧米の新型砲と比べるのは意味がない。また四五式は半固定式であり、これも手軽に移動できるという火砲ではなかった。
とすると、残るは九六式だけとなり、これに期待がかけられた。
しかし、これまた口径がほぼ等しいアメリカのM2一五五ミリ榴弾砲と比較したとき、射程のみを見ても、
M2　二四キロ
九六式　一二キロ

と約半分にすぎない。そのうえ前述のごとくM2ロングトムは加農砲／榴弾砲の性能を合わせ持っているのである。

M2が登場したのは一九三六年で、これは昭和一一年、皇紀二五九六年となる。

つまりM2は、

九六式一五センチ加農砲

九六式一五センチ榴弾砲

と同じ年に制式化されている！

アメリカより国力の劣る日本が加農砲、榴弾砲を別々に開発、製造し、そのうえ砲弾は共通化されておらず、砲自体の性能もM2よりも大きく劣っていた。

このように調査、分析を続けていくと、日本軍が欧米列強の軍隊と比べてもっとも遅れていたのは大口径火砲の分野ではなかったかとさえ思えるのである。

そしてこの原因は――たびたび繰り返すが――国力の差以上に日本陸軍上層部の日頃の勉強、研究の不足、頑迷な思想、異常なまでの保守性にあったと推測される。

三、大隊砲、歩兵砲、山砲

前述のとおり歩兵が操作する小型の大砲で、この種の火砲を大量にそろえたのが日本陸軍の特徴であった。

もちろん列強の陸軍も保有していたが、兵員数に対する割合としては、決して多くない。

重量の制限があるので、性能としてはどれも同じようなものだが、日本軍のそれはともかく軽量化に力点をおいて設計されていた。

四一式山砲、九四式山砲のいずれもかなり使い易く、機械化が遅れていた日本陸軍にとって、有効な兵器と評価できる。特に中国との戦争における山岳戦、東南アジアにおける密林の中の戦闘では、充分に威力を発揮した。

短時間で分解、組み立てができたことも、運用効率の向上に貢献している。

また歩兵部隊が直接操作できる火砲を保有しているのは、戦線が拡大した場合、いつも砲兵連隊の協力が得られるとはかぎらないので、大いに評価されるべきである。

一方、大隊歩兵砲とも呼ばれた九二式歩兵砲については、明らかに欠陥品と決めつけられるのではあるまいか。

砲身が短すぎたことが、このおもちゃのような大砲のすべてをぶち壊してしまった。命中率の低いこと、発射音が異常に大きいことのどちらも短砲身が原因なのである。

九二式という呼称のとおり、この歩兵砲の開発年度はかなり新しい。それにもかか

各国の歩兵用火砲

名称 要目・性能	九四式山砲 日本	一八式軽歩兵砲 ドイツ	三四式加農砲 イタリア	パックハウザー空挺砲 アメリカ	13ポンド歩兵砲 イギリス	M1927歩兵砲 ソ連
口径 cm	75	75	76	75	75	76
重量 kg	530	400	780	480	670	780
砲弾重量 kg	6.3	5.9	6.3	6.2	5.7	6.3
最大射程 m	8300	3650	9500	8900	5500	8200
制式年度	1934年	1921	1934	1941	1917	1927

わらず、あらゆる構造が旧式であって、
ドイツ陸軍の一八式軽歩兵砲
アメリカ陸軍のパックハウザー空挺砲
と比較したとき、大きく劣っていると言わざるを得ない。

結論

残念ながら日本陸軍の各種の火砲を見るかぎり技術的な遅れがあまりに明白であって、これでアメリカ、イギリスを中心とする連合軍の近代的な大口径砲と闘うのは無謀といった印象さえ受ける。

○アメリカ陸軍
M2／3　一〇五ミリ榴弾砲
M2　一五五ミリ榴弾砲ロングトム
○イギリス陸軍
二五ポンド砲
など、現在でも一部の国では現役にあるほど優れた大砲であった。

日本陸軍で一応これに匹敵するのは、
一式機動四七ミリ速射砲
九〇式（機動）野砲
のみと言ってよい。

他の火砲はいずれも空気を入れるゴムタイヤを使っておらず、一九世紀後半の大砲と大差がない。

外観から見てもアメリカ南北戦争時代の大砲と、ほとんど変わっていないのである。

また発砲時の反動を減少させる駐制退器（緩衝器ともいう。ショックアブソーバー）の構造なども大きく立ち遅れていた。

これに加えて射程も列強の大口径野砲と比べた場合一割ほど短く、日本陸軍が経験したノモンハン事件のさいの唯一の対砲兵戦で大敗する。

この戦いに日本陸軍は八二門の重砲（重く大きな大砲）を集中して投入するが、極東ソ連軍によって実に九四パーセント（七七門）を破壊されたのであった。

また火砲に使用する砲弾の種類もアメリカ、ドイツ、ソ連よりかなり少ない。

そのうえ運用面からも、野砲、高射砲兵に対戦車戦闘の訓練をすることなど皆無に近かった。

（注・蛇足ながら、主力野砲の射程に関する問題、またあらゆる運用関連の比較については、拙著『日本軍の小失敗の研究』重砲の悲哀の稿をお読みいただきたい）

また最後に日本軍の野戦砲が、欧米に比べて大幅に劣っていた状況を、実戦を介してひとつだけ掲げておく。この戦いに、日本軍砲兵の弱点の全てが露呈しているからである。

すでに何度となく述べたとおり、日本陸軍の大砲兵部隊が数十門の重砲を並べて、敵の砲兵と真正面から射ち合った戦闘は唯一度ノモンハン事件のさいのみである。

昭和一四年五月中旬に満州（中国東北部）・ソ連国境で起こった紛争は一挙に拡大し、七月二三日の大砲撃戦を迎える。日本陸軍は中国大陸にあった重砲をこの地に集中したが、その戦力は次のとおりである。

三八式野砲　二四門
九〇式野砲　八門
三八式一二センチ榴弾砲　一二門
九六式一五　〃　一六門
九二式一〇センチ加農砲　一六門

八九式一五　〃　六門
計八二門

日本軍上層部はこれだけ威力のある大砲を八〇門以上揃えたのであるから、極東ソ連軍を完全に圧倒できると信じ切っていた。

しかし結果は全く反対であり、砲撃を開始したとたん百数十門（一説には一八〇門）を持つソ連砲兵部隊の反撃を受けることになってしまった。

また数だけではなく、

㈠　ソ連軍の野戦砲はそれぞれの口径において、日本軍のものより一、二割射程が長かった

㈡　日本陸軍最大の砲の口径は八九式の一五センチであるが、ソ連軍はM一九三一型二〇・三センチ榴弾砲を投入していた

㈢　準備された弾薬の量は、ソ連三ないし四、日本一の割合であり、三日間続いた砲撃戦の初日から日本陸軍は圧倒される

といった状況であった。

つまり日本陸軍の砲兵の総合的な戦力に関しては、イギリス、アメリカ、ソ連、ドイツとは格段の差が生じており、フランス、イタリアと比較してさえ優れていたとは

言えないのではあるまいか。

対戦車砲

第二次大戦の勃発前まで、各国陸軍の対戦車砲の口径はほとんど三七ミリであった。一部により威力の大きい四七ミリ砲が登場しつつあったが、広く配備されるには至っていない。

この理由は、当時の戦車の主砲が三七、四七ミリ砲であったことによる。

しかし戦争が始まると戦車の防御力が増大し、対戦車砲の兵器としての能力低下がすぐに指摘された。

イギリス陸軍の歩兵戦車　マチルダⅡ

ソ連中戦車　T34／76

の装甲は、三七、四七ミリ砲では貫通できず、特に前者は〝ドア・ノッカー〟（ドアを叩く程度の効果しかない）と嘲笑される始末であった。

またより口径の大きな榴弾砲、野砲では絶え間なく動きまわる戦車に砲弾を命中させることが難しく、結局初速（砲口から発射されるさいの砲弾の速度）の大きな高射砲が思いも寄らず活躍することになる。

ドイツ陸軍の八八ミリ高射砲は大戦の全期間を通じて、連合軍の戦車を大いに痛めつけるのであった。

火砲の威力は一般的に、

『砲弾の重量（正しくは質量）に飛翔速度の二乗を掛けた形の運動エネルギー』

で表わされる。

これによれば八八ミリ砲の威力は三七ミリ砲の一〇倍、四七ミリ砲の八倍もあり、連合軍側の戦車にとって最大の脅威となった。

日本陸軍は対戦車砲を〝速射砲〟と呼んだ。主力戦車に装着されている主砲の口径が最後まで四七ミリであったのと同様に、日本陸軍の対戦車砲もまた、
九四式三七ミリ速射砲
一式機動四七ミリ速射砲
以上に威力のあるものは出現しなかった。

これに対して他国の陸軍は五七ミリ、七五ミリ、七六ミリ（ソ連）、そして八八ミリ口径の対戦車砲を開発し、敵の戦車に対抗した。

またそのすべてが当然のことながら、ゴムのタイヤで移動するものであった。

各国の中口径対戦車砲

名称 ＼ 要目・性能	47 mm 速射砲	50 mm Pak 38	M 35 47/32	M 1 57 mm	6 ポンド砲	M 1937/45
	日本	ドイツ	イタリア	アメリカ	イギリス	ソ連
口径 mm	47	50	47	57	57	45
重量 kg	750	990	690	1230	840	510
砲弾重量 kg	1.4	0.9	1.5	2.8	2.8	1.4
貫通力 mm	50	86	43	70	70	38
その場合の射程m	460	460	500	910	910	900
制式年度	1941年	1940	1936	1940	1939	1937

注・日本以外はもっとも威力の小さいものを示す。

現在のような自動車や自転車と違い、日本陸軍の火砲の車輪のほとんどは木材、金属から造られていた。

対戦車砲に関していえば、三七ミリ、四七ミリともにすべて木材と金属の組み合わせで一部のみ〝機動〟の名を付けてゴムタイヤ付（一式機動速射砲／野砲）であった。

〝一式〟の名称からも判るとおり、日本陸軍はなんと昭和一六年まで、空気の入ったゴムタイヤ付の対戦車砲を保有していなかった。

実戦において日本軍の対戦車砲は、装甲の薄いアメリカ陸軍の軽戦車M3／5スチュワート、LVTアリゲータ水陸両用戦車などには有効であったが、昭和一九年から太平洋に現われた主力戦車M4シャーマン、終戦直前に満州に押し寄せたソ連陸軍のT34／76、T34／85には全く無力であった。

それでも国内では威力のある対戦車火器の開発を行なっており、野砲改造ながら、

九〇式野砲　口径七五ミリ

三八式野砲　口径七五ミリ特殊砲弾使用

が新たに戦列に加わりつつあった。

しかしこれらも全く数が足らず、対戦車砲として使われることはほとんどなかった。

またこれが配備されたところで、列強陸軍の対戦車砲の口径は八八ないし九〇ミリに拡大され、ここでまた後

ソ連戦車には全く効果がなかった九四式37ミリ速射砲（上)、ゴムタイヤ付で機動性を高めた一式機動47ミリ速射砲（下)

塵を拝するのは確実であった。

日本陸軍は太平洋戦争の勃発から終わりまで、充分に効果のある対戦車砲を持たないまま戦い続けねばならなかった。この点では非力であった戦闘車両の開発と完全に一致するのである。

対空火器

第一次世界大戦(一九一四〜一八年)を振り返るとき、誰でも気付くのが軍用としての航空機の役割であった。

緒戦時にはヨーロッパ中を合わせてもわずかに一千機しかなかった軍用機は、その後の五年間で一〇万機にまで拡大する。

軍用機の価値については、日本陸軍も早々とそれを認め、開発に乗り出す。

また軍用機が発達すれば、必然的にそれを迎え打つ兵器である対空火器も進歩しなければならない。

昭和七年頃から陸軍は各種の対空砲を開発し、部隊への配備をはじめた。

そして太平洋戦争の終わりまで、連隊単位の防空部隊の充実につとめたが、陸軍の

各国の中口径高射砲

名称／要目・性能	八八式	Flak 38	M 75/40	M 2	3インチ	M 1931
	日本	ドイツ	イタリア	アメリカ	イギリス	ソ連
口径　mm	75	88	75	90	76	76
重量　t	6.8	6.9	6.2	10.8	7.8	4.8
砲弾重量　kg	6.6	9.2	6.5	10.6	7.5	6.6
最大射高　m	7320	7930	8230	12000	7170	9140
制式年度	1930年	1938	1940	1942	1939	1931

他の兵科と同様、兵器の能力、技術の遅れ、数の不足、そしてもっとも重要なシステムとしての運用技術の不備を携えたまま戦い、充分な戦果を挙げ得なかった。

その根本には〝防空〟はその名のとおり防御、守りの意味であって、精神主義が幅を効かしていた旧陸軍にとって真正面から取り組む必要のない分野と考えていたのかも知れない。

この日本陸軍の対空砲を口径の順に列挙する。

九二式一三ミリ機関砲　（口径一三・二ミリ）

九八式高射機関砲　（口径二〇ミリ）

いわゆる高射機関砲といわれるものは、この二種のみで、保有数は九二式が八〇〇門、九八式が二六〇〇門と言われている。

次に射砲としては以下のものが製造された。

一一年式七センチ半高射砲　（口径七・五センチ）

八八式　七センチ野戦高射砲　（口径七・五センチ）

九九式　八センチ高射砲　　（口径八・八センチ）
四式　七センチ半高射砲　（口径七・五センチ）
三式　一二センチ高射砲　（口径一二センチ）
　一五センチ高射砲　　（口径一五センチ）（制式名称はなし）

このうち大量に製造されたのは八八式高射砲であった。数から言えば全体の八割がこの八八式と考えられる。

これまで陸軍の兵器の呼称の数字には和暦が使われていたが、この〝八八式〟から皇紀へと変更になった。

したがって八八式については、皇紀二五八八年、昭和三年、西暦一九二八年に制式化されたことになる。

アメリカとの戦争は昭和一六年一二月に開始されているから、日本軍の主力高射砲は制式化されてから実に一三年後に実戦を経験する。

しかしこの間、航空機は目覚ましい変化を遂げ、七五ミリ級の高射砲では明らかに威力不足となってしまっていた。

一方、高射機関砲に関しても、陸軍のそれは海軍と比べてさえ能力においてはるかに劣っていた。

前述のとおり、日本陸軍の対空（高射）機関砲は、一三・二ミリ、二〇ミリのいずれも単装であった。

これに対して海軍の方は、九六式二五ミリ機関砲を、連装、三連装で使用した。特に艦艇に搭載されたものの大部分は三連装であった。

高射砲戦力の中核であった八八式野戦高射砲（上）、近接する敵航空機に威力を発揮したボフォース40ミリ機関砲（下）

これからも明らかなように、口径、数とも海軍が数段勝っていたといえる。

また日本の陸海軍とも七五ミリ高射砲、二〇、二五ミリ高射機関砲の間を埋める対空火器を保有していない。

このふたつの兵器の

効果を考えると、もっとも高い命中率を期待し得る射程としては高射砲四〇〇〇、機関砲一〇〇〇メートル程度である。

この中間、すなわち口径、射程からいって二〇〇〇ないし三〇〇〇メートルの距離で、敵機を撃墜できる対空火器がどうしても欲しいところである。

この種の兵器として、

アメリカを中心とする連合軍はボフォース四〇ミリ機関砲　単装、連装、四連装

ドイツ軍はラインメタル三七ミリ機関砲　単装、連装

を早くから用意していた。

驚異的な命中率を誇る近接信管（VT信管／マジックヒューズともいう）が登場するまで、この二種の機関砲は極めて有力な対空火器であった。

のちに日本海軍はボフォース機関砲のコピーを製造するが、充分に行き渡らないいまま終戦を迎えてしまった。

（注・近接信管付の砲弾とは、アメリカが一九四三年から使いはじめた電波発振装置組み込みの信管と五インチ砲弾。条件が良いときには、普通の砲弾の六倍の命中率を発揮する）

日本軍の高射砲のほとんどは口径七五ミリであったが、航空機の能力が著しく向上

していたので、これではどう考えても威力不足というしかない。

連合軍の戦略爆撃を一九四二年から受けていたドイツは、口径八八ミリの高射砲によって多くの四発爆撃機を撃墜していた。

しかしそれでもなお対空砲をいかに増強したところで、これだけでは敵機の跳梁を阻止するのは不可能である。

これに加えて枢軸側の中心であるドイツと日本の高射砲を比較しても、わが国の不利は明確となってしまう。

それぞれの本国に来襲する連合軍の大型四発爆撃機については、

○ドイツの場合
ボーイングB17、コンソリデーテッドB24、アブロ・ランカスターなどが来襲
これを八八ミリ高射砲で迎撃

○日本の場合
前述の三種の爆撃機より、二〇～三〇パーセント高性能のボーイングB29が来襲
これを口径七五ミリ、つまり八八ミリより二〇～三〇パーセント能力の低い高射砲で迎撃という状況であった。
のべ二万機近かったB29の大編隊を阻止するための高射砲として、八八式はあまり

に非力であった。日本陸軍の高射砲が撃墜したB29の数は、せいぜい一五〇機程度と推測される。

また低空をやってくるアメリカ軍戦闘機、空母艦載機を迎え撃つ高射機関砲も期待されたほどの効果を挙げ得なかった。

一九四四年に出されたアメリカ軍のレポートには、

『日本軍の対空火器の能力に関しては——一部の艦載対空砲を除いて——特に注意を喚起する必要を認めない』

といった記述が見られる。

このように敵に脅威を感じさせることが出来なかった日本陸軍の高射砲／機関砲であったが、終戦前には、

三式一二センチ高射砲

試製一五センチ高射砲

をはじめとするいくつかの強力な対空砲が登場する。

なかでも一五センチ高射砲は、総重量五〇トン、砲身重量一五トン、弾量五〇キログラム、初速九三〇メートル／秒、最大射高二万メートル、有効射高一・三万メートルという高性能を持っていた。

これは連合軍の九〇ミリ級の高射砲を大きく凌ぎ、ドイツ軍の一二七ミリ砲をも上まわる。

しかし結局のところ、数もわずか二門だけでは数百機単位で来襲するB29編隊を壊滅させるなど夢物語にすぎなかったのである。

結論

日本陸軍の対空部隊は、火砲の威力、数、そして管制システムのどれをとっても、欧米の軍隊はおろか日本海軍と比較しても弱体という他なかった。

しかしいかに対空砲の威力を向上させ、数を揃えたところで、大挙してやってくる航空機を阻止するのは不可能であった。この事実は、

第二次大戦後半におけるドイツ軍

ベトナム戦争（一九六一〜七五年）における北ベトナム防空軍

の戦い振りを見ても明らかである。

共に数千門（対空機関砲を含めれば一万門以上）の対空火器を駆使しても、敵の空軍を撃退することはできなかった。

このように見ていくと、個々の対空砲の能力を検討すること自体の意味が問われる

のであった。

その他の野戦用火砲／兵器

火砲の章の最後にいくつかの兵器を取り上げ、簡単な解説と分析を加えておく。それらは、

㈠　野戦に用いられるロケット弾（砲）
㈡　特殊な火砲
㈢　歩兵携行対戦車兵器

などである。
㈠の野戦ロケット兵器に関して明確な呼称はなく、

日本陸軍　噴進砲
日本海軍　ロケット砲
ソ連陸軍　砲兵ロケット

などと呼び、他国の陸軍はたんにロケット弾としている。また場合によっては「地域制圧ロケット弾」といった役割を表わす呼称も使われている。

高い命中率は期待できないものの、簡単な装置で重い弾頭を発射可能なロケット兵器は、今次大戦で大量に使用されている。

野戦ロケット弾

要目・性能＼名称	20センチ噴進弾	42式	M8	3インチ	M8
	日本	ドイツ	アメリカ	イギリス	ソ連
口径 cm	20	15	11	7.6	13.2
重量 kg	90	62	17	24	99
射程 m	2700	7040	3950	6700	8400
発射機構	単装	10連	20連	20連	16連

注・イタリア軍は野戦ロケット兵器を使用しなかった。

これには大きく分けて二種類あり、

(1) 車輪付の砲（あるいは筒）から発射されるもの

(2) 雨水を受ける樋《とい》のような発射台、あるいはレールを架台として発射されるもの

である。

日本軍に関していえば、

(1) 陸軍の四式二〇センチ噴進砲
海軍の二〇センチロケット砲

(2) 陸海軍が共同で開発した三式噴進弾、ロケット弾

がある。このうち台車のついた(1)の噴進砲はきわめて少数しか造られず、わずかに硫黄島、沖縄の闘いで使われたにすぎない。

しかし噴進弾／ロケット弾については、簡単に装着可能なロケット・モーターを開発し、次のような弾頭を最

命中率は低いが、爆発力は迫撃砲の数十倍の20センチロケット砲（上）、大量使用の効果を狙ったM8ロケット弾（下）

大限に活用している。

○重巡洋艦用の二〇センチ砲弾

○航空用の六〇、二五〇キロ爆弾

着発信管をつけたこれらのロケット弾は、爆発力は迫撃砲弾の数十倍、数百倍であった。ただし正確な照準器、しっかりと固定された架台のどちらもなかったため、命中率が低かったことは否めない。

本来ロケット兵器（無誘導のいわゆる砲兵ロケット）はどこの国のものでも精密な照準はされず、もっぱら一斉射撃による〝数に頼る破滅的な効果〟を狙っている。

アメリカ軍のM８　四・五インチロケット弾

ソ連軍の砲兵ロケット〝スターリンのオルガン〟（M８　八二ミリロケット弾）

などは数百発が十数分のうちに発射され、敵陣に雨のごとく降り注ぐ。この効果は、守る側に精神異常をきたす者が出るほど凄まじいものであった。

さて、先に掲げた、

日本軍の四式二〇センチ噴進砲

ドイツ軍の41型一五センチ・ネーベルベルファー砲

は、いずれもより本格的なロケット砲であったが、面白いことに連合軍はこの種の兵器を保有しないままであった。

つまり日、独両軍のみがいわゆる(1)の形のロケット砲を用い、連合軍は(二)のロケット発射管を使っている。

個々の命中率は(1)の砲のタイプの方がはるかに優れていたはずだが、製造上の手間からいえば(2)に軍配が挙がる。

その一方で二〇センチ砲弾、各種爆弾に推進装置を取り付け、大口径迫撃砲の代役をさせたのは日本の陸海軍だけかも知れない。

米軍の対戦車携帯火器として使用されたバズーカ（上）、装甲の厚い連合軍戦車には効果がなかった九七式自動砲（下）

㈡の特殊な火砲としては、九八式臼砲《きゅうほう》（別名ム弾発射器）がある。〝臼〟とは餅つきのとき使われるウスの意味である。

本来きわめて射程の短い大砲のことであるが、日本陸軍は口径一五センチ、三二センチの大型の砲弾／発射器（発射座）を多数保有した。

砲弾の威力は大きかったが、発射座は固定式であり、かつ射程が一キロ程度とあっては使用する場所はかなり限定されてしまう。このため連合軍はこの種の兵器に全く関心を示さなかった。

なお、ドイツ軍も形こそ大きく違え、四五八一型三八センチ・ロケット臼砲を開発し、Ⅵ号Ⅰ型タイガー戦車に装着した自走臼砲を登場させている。

日本陸軍は、アメリカ陸軍の強力なＭ４シャーマン戦車が大挙投入されるという事実を把握していながら、㈢の歩兵携行型対戦車兵器を全く開発しようとしなかった。

他方、各国陸軍はこの種の兵器を重要視しており、次々と新しいタイプを登場させた。

○アメリカ陸軍
Ｍ９　三インチ　無反動砲
Ｍ１　二・三六インチ　バズーカ砲
○イギリス陸軍
ＰＩＡＴ　対戦車砲弾発射器
○ドイツ陸軍
43／54型対戦車ロケット砲
パンツァー・ファウスト対戦車火器
などである。

しかし日本陸軍の歩兵用対戦車兵器は、携行爆薬、棒付地雷、収束手榴弾に限られていた。つまり一定の距離をおいて戦車を攻撃することはできず、これらの爆薬をかかえた体当たり攻撃はすなわちそのまま歩兵の死を意味していた。

アメリカの無反動砲、バズーカ砲（簡易ロケット）はともかく、イギリスのPIAT、ドイツのパンツァー・ファウストなどの有効射程はわずかに一〇〇ないし二〇〇メートルと短かったが、それでもなお攻撃側の兵士が死亡、負傷することはなかったのである。

残念ながら日本陸軍――そしてイタリア陸軍もまた同じ――は、この点でも歩兵の犠牲を少なくしようとする配慮に欠けていたというしかない。

フィリピン、硫黄島、沖縄などの激戦を記録した写真、映画フィルムを見るたびに、日本陸軍が有効な歩兵携行タイプの対戦車火器を豊富に持っていたら、という感を抱く人は読者の中にも大勢おられるのではあるまいか。

なおこれ以外の歩兵用対戦車火器としては、対戦車ライフル、たとえば九七式自動砲（口径二〇ミリ）がある。

大戦初期各国陸軍は、口径一三ないし二五ミリの対戦車ライフルを大量に保有していた。しかしこの兵器の鋼板貫通能力はせいぜい三センチ程度で、主力戦車はもとより軽戦車に対してもほとんど効果がなくなりつつあった。

このため前述の簡易対戦車ロケット兵器が開発されたのである。

そして、九七式自動銃は四〇〇梃以上も生産されたが、これといった戦果を挙げ得ないまま忘れられていった。

陸上戦闘兵器についての総括

艦艇、航空機のところでは行なわなかった〝総括〟を、陸戦兵器の章でのみ加えたのにはそれなりの理由がある。

日本海軍にも、水兵を殴打するための〝海軍精神注入棒〟なるものに代表される理不尽な精神主義が存在した。

これは当然糾弾されなくてはならないが、その点に関して日本陸軍ははるかに度を超していたと言う他ない。

頑迷な精神至上主義は昭和のはじめから著しくなり、それは明らかに陸軍の組織、戦術、兵器の近代化を阻害したのである。

それはそのまま陸軍の戦力の低下に結びつき、同時に太平洋の島々における玉砕を招くような結果になってしまった。

本書を執筆するにあたり、新たに陸軍関連の書籍を読み返したさい、明確に浮かび上がってきたのがこの事実である。

日本製の兵器、あるいは日本という国がある時期全力を傾けて開発した兵器を欧米のそれと比較するために執筆した本書であるが、思わぬところから陸軍上層部の精神至上主義と明らかな怠惰、怠慢が日本軍の戦力を削いでいった経過が露呈したのであった。

貴重なスペースを費やすことになるが、これらの経過、結果に関しては現在の自衛隊(必ずしも陸上自衛隊のみではない)にも深く関わり合う事柄でもあるので、順を追って記すことにしよう。

著者はこれまで日本陸軍における広義の近代化が大幅に遅れた、あるいはほとんどなされなかった理由として、

『昭和初期の山東出兵(一九二七年)以降、日本陸軍は次々と紛争への介入を余儀なくされ、その費用捻出が優先されたため』

と記してきた。

たしかにこのことが要因のひとつであるのは間違いないと思われるのだが、それ以外に、

『軍人自体が軍の近代化に消極的であった』

とする理由を見出すに至った。

もちろんこれは私見にすぎず、旧軍の基幹要員であった人々から反論が寄せられるかも知れない。それでもなお、それ以上の数の読者の同意が得られることを期待して、記載するのである。

㈠　軍内部の地位（ポスト）の削減への恐れ

軍の組織を近代化し、大型兵器の機械化を進めるためには多額の費用を必要とする。戦争でも始まらないかぎり、軍事費の割合、あるいは総額には当然上限がある。組織の近代化とはある面で余分な部分を削ること（スリム化、あるいはリストラ）であって、そうなれば出世、昇格するさいのポストの減少となる。

このように考えれば、将校、士官の大部分が近代化に反対することになろう。

㈡　機械化への反対

軍の機械化には㈠と同様に多くの費用を要する。そのため形のうえでは軍自体の縮小、なかでも兵員の削減に繋がりかねない。

またこれに加えてこれまで日本陸軍が経験したことのない〝機械化〟を促進するとなると、階級が上になるほどそのための勉強を強いられる。

それでも若手の将校たちは熱意を持ってそれに取り組んでいったかも知れないが、佐官級以上にとっては少なからぬ負担となったはずであった。

安楽な生活と地位を満喫していた高級将校たちにとって、〝機械化〟という言葉はそれゆえ禁句になっていたのではあるまいか。

㈢　計画性、研究の不足

日本陸軍の兵器全般に言えることは、設計の甘さである。

他国の兵器をコピーして生産しているわけだが、詳しく見ていった場合、必ずしも元になったモデルより進歩したものが出来たとは言い切れない。

また兵器をひとつのシステムとして研究していなかった弊害も、多々表われている。

例えば、重砲を牽引するためのトラクター、車輪の接地圧を減らすための複数化などほとんど考慮されていないのである。

その証拠として日本陸軍の重砲には、すべて左右一対の車輪（合わせて二コ）しか付いていないことに着目して欲しい。重量一〇トンを超す八九式一五センチ加農砲でさえ、二つの車輪だけで移動する。

設計年度はかなり新しくなってはいるものの、アメリカ陸軍のM２一五五ミリ砲については、運搬時にはそれぞれダブルのタイヤ三対（計一二コ）を使っている。これにより接地圧の減少、それにともなう不整地通過能力の向上は数値に表われない長所となっている。

しかし日本陸軍の新しい九六式一五センチ加農砲は、移動するたびに三つに分解し、それを別々の台車に載せなくてはならなかった。

一方M2は分解することなく、そのまま牽引できる。

ここではわずかに重砲の例をひとつだけ取り上げたにすぎないが、他の分野についても日本陸軍の兵器が扱いにくかったことがわかる。

つまり調べれば調べるほど、わざわざ前線部隊に苦労を強いるように造られているのである。

㈣　創意工夫、改良を嫌う姿勢

日本陸軍の上層部は兵器の使用法を厳しく定め、それからはみ出すことを禁じた。

また前線部隊が、兵器に独自の改造を行なうのも許さなかった。

その詳細を述べる余裕はないが、それぞれひとつの例を掲げて、読者諸兄の判断を仰ぎたい。

ノモンハン事件、大戦初期、後期の地上戦闘において、日本陸軍は敵の戦車によって大きな打撃を受けた。

これはすでに述べたごとく、強力な対戦車火器を持っていなかったからである。

しかしよく調べてみると、他の兵器を対戦車戦闘に流用すればその効果は大きかったことが判明している。

たとえばノモンハン事件には多くの三八式野砲が使われていたが、これをもってソ連軍のBT5/7、T26戦車を砲撃するのである。

口径七五ミリ、砲身長比三七の三八式野砲は、九五式戦車の主砲（口径三七ミリ、砲身長比三七）八九式、九七式戦車の主砲（口径五七ミリ、砲身長比一八・五）のそれぞれ二倍、二・六倍の威力を持っていた。

また米軍のM3/5軽戦車なら一〇〇〇メートルの距離から、M4中戦車相手でも至近距離なら充分に撃破可能なのであった。

それにもかかわらず、野砲で敵戦車を射つという訓練を行なってもいなければ、そのような発想さえ浮かばなかったのである。

もちろん上級指揮官は部隊が全滅の危機に陥るまで、野砲を対戦車砲として使うことを許さなかったに違いない。

また九五式、九七式といった日本軍戦車を見ると、明らかに乗員、関係者が防御力の不足を知っていながら、それを補おうとするアイディア、工夫がこれまた皆無なのである。

ヨーロッパの戦闘においてそれぞれの陸軍の戦車が、前面に砂袋（砂のう）、丸太をくりつけ敵の砲弾の威力を少しでも削ごうとしているのはごく当たり前の光景であった。また現地で応急的に装甲板を溶接した例も少なくない。

ところが、太平洋の島々でアメリカ軍と闘って破壊された日本軍戦車の写真を見ると、そのような工夫は全く見られないのである。前述の砂のう、丸太などは、アメリカ陸軍が多用したバズーカ砲の砲弾に対しては充分に効果があったはずなのに……。

この理由はどこに求めるべきなのであろうか。

推測の域を出るものではないが、これに関しては——先の野砲の使用法と同様に——軍が現地部隊による改良、改造を全く認めようとしなかったのではないか、とも思われる。

柔軟な発想と縁のない高級軍人たちは、前線での工夫による兵器の性能向上さえ許さなかったというのが真実であろう。

それではこれを一歩進めて、なぜそのようになってしまったのか考えてみる。

これは一にも二にも、上層部そして専門家と言われる人々の権威に基づくものである。

彼らの言い分としては、

『我々は最良の兵器を開発し、配備している。それを現地部隊、前線部隊が勝手にいじっては自分たちの権威が保てない』

ということなのである。

そのために前線の戦車兵たちは、防御力不足のまま強力なM４戦車に立ち向かわなくてはならなかったとすれば、これを悲劇と呼ばずにいられようか。

先の野砲の使用法、戦車の防御法を考えるとき、日本陸軍の本質が浮かび上がってくるような気がするのである。

さて振りかえってみると、これまでの日本陸軍の体質は現代にあっても残っている。それは各省庁、地方自治体の官僚、役人の体質と一致すると考えるのは著者だけであろうか。

規制々々で民間の活力を奪い、

許認可を盾にして改革の芽をつみ、

海外の動きには眼を向けず、広い視野を持とうとしない。

加えて弱い立場の民間から甘い汁を吸おうと画策する。

もちろん官僚がある程度、戦後のわが国の発展に貢献した実績を認めないわけではないが、すでに時代は変わりつつあるのである。

あまり適切な比喩ではないかも知れないが、現在の役人たちの状況は、日露戦争のあとの陸軍軍人に似ている。多くの重大な失敗を辛くも逃れて薄氷の勝利を握った、という真相を短時間に忘れ去り、勝利の栄光だけを声高に叫んでいるのである。

日本陸軍――そしてある意味では海軍も――は、日露戦争以後慢心し、本当に精強な軍隊を育成するための努力を怠った。

そしてそのツケが太平洋戦争の敗北であったにもかかわらず、その後の社会体制はたいして変わっていない。

それは日本の官僚についても、同じことなのである。

今後あらゆる面で例外なく行政改革を押し進めないかぎり、わが国の将来は決して明るくはなく、国際的地位さえ低下するばかりであろう。

今までの戦争を研究し、それを学べばこのような結論に至ることを陸上戦闘兵器の分析の最後に明確に記しておきたい。

第四部　戦闘車両

軽戦車

小型ながら軽快な機動性を活かして偵察を主任務とする軽戦車は、第二次大戦初期にこそ活躍した。

しかしどのような理由からか、中期以後は重要視されず、あくまで脇役に終わってしまった。それどころか、アメリカ陸軍を除いては系統立てて軽戦車を開発しないままであった。

たとえばドイツ陸軍のⅠ、Ⅱ号軽戦車は、それまで保有を許されなかった主力戦闘戦車／主力戦車ＭＢＴ（Main Battle Tank）のかわりに製造されたものである。したがって明確な目的のもとに設計された軽戦車ではない。

わずかにアメリカ陸軍が、

273　軽戦車

大戦初期の各国の軽戦車

要目・性能 ＼ 車名	九五式八号	II号B	M3/5スチュワート	MkVI	T26B	ルノーR35	CV33/35
	日本	ドイツ	アメリカ	イギリス	ソ連	フランス	イタリア
乗員数　名	3	3	4	3	3	2	2
自重　トン	6.6	7.0	10.8	3.8	—	9.1	3.4
戦闘重量　トン	7.4	8.9	12.7	4.9	9.4	10.0	4.7
接地圧 トン/m^2	6.7	6.6	7.4	7.8	6.5	6.9	6.8
全長　m	4.3	4.8	4.5	4.0	4.4	4.0	3.2
全幅　m	2.7	2.2	2.2	2.1	2.3	1.9	2.4
全高　m	2.3	2.0	2.5	2.2	2.4	1.9	—
エンジンの種別	D	G	G	G	G	G	G
エンジン出力　HP	120	130	250	88	400	80	43
出力重量比　HP/トン	16.2	14.6	20.3	20.0	42.5	8.0	9.1
最高速度　km/h	40	40	58	56	27	20	35
航続距離　km	180	200	110	200	240	140	120
主砲口径　mm	37	20	37	12.7 MG	45	37	8.0 MG
砲身長比	37	55	53	—	46	21	—
主砲威力数	1369	1100	1961	—	2070	777	—
副武装　口径 mm×基数	7.7 ×2	7.9 ×1	7.6 ×4	7.6 ×1	7.6 ×1	7.5 ×1	8.0 ×1
装甲厚　mm	12	15	38	13	25	45	13
生産台数	2380	1100	13800	1400	8000	900	2000
登場年	1936	1937	1941	1936	1934	1936	1933〜35

注・MG は機関銃を示す。

M3／M5スチュワート
M24　ジェネラル・チャーフィー

を開発している。

大戦における二大陸軍国であるドイツとソ連も、Ⅱ号L型ルクス、T60以外は軽戦車を開発していない。

アメリカのM24の出現は一九四四年の秋からなので、大戦前半の軽戦車としては、

アメリカ陸軍のM3／M5
日本陸軍の九五式ハ号

のみが挙げられる。

この二種の戦車は、共に三七ミリ戦車砲を装備していた。このため一見似たような能力を持つように思えるが、これに関しては別掲の表を見ていただきたい。

M3／5について主な数値（九五式を一とする）は、

主砲の砲身長比　一・四三倍
戦闘重量　一・七二倍
エンジン出力　二・〇八倍
装甲の最大厚さ　三・一七倍

となり、九五式はとうていスチュワート軽戦車の敵ではない。総合的な戦闘力を考えると、M5スチュワートは九五式の四倍と思われる。

なにかひとつでも、例えば主砲の威力、あるいは出力重量比といったデータが優れ

ディーゼルエンジンを搭載し、機動性を重視した九五式軽戦車（上）、あらゆる面で日本の中戦車より優秀であったM3／5軽戦車（中）、47ミリ砲を搭載したT26軽戦車（下）

ていれば、それはそれで闘いようがあろう。
戦車の三要素である、
攻撃力　主砲の威力
機動力　出力重量比、あるいは最高速度
防御力　装甲板の厚さ
のどれをとっても九五式はM５に太刀打ちできない。
これでは乗員の技量がいかに優れていても、勝敗ははじめから明らかになってしまっているのである。
九五式の唯一のプラス面は、装備されているエンジンがM５（ガソリン）とちがってディーゼルであったことである。
被弾した場合の発火性、航続力などの面から、戦車エンジンとしてのディーゼルはガソリンにはるかに勝っている。
このディーゼルエンジンの採用については、ソ連陸軍のＡＦＶ（装甲戦闘車両）群と共に、日本戦車のほとんど唯一の長所であった。
対戦車戦闘能力の低さは当然糾弾されなければならないが、たんなる兵器として見た場合、九五式軽戦車は一定の水準以上のものと評価できる。なかでも、

○前述の空冷六気筒ディーゼルエンジンの採用
○小型の車体にうまくおさまった九四式三七ミリ砲
の二点は、この軽戦車に対する歩兵の信頼を集めるのに充分であった。

ドイツのⅡ号、イギリスのＭｋⅥ、イタリアのＣＶ33／35といった軽戦車、機関銃／砲しか装備していないのに対し、九五式は攻撃力の面からかなり優れていた。

もちろん、対戦車戦闘には非力であるが、それでも九五式の三七ミリ砲は砲身長比三七であり、同じクラスの敵戦車なら撃破可能であった。

主力戦車ＭＢＴであった八九式、九七式の砲身長比一八・五の五七ミリ砲と比べても、この戦車砲の威力はほぼ同等だったのではあるまいか。

旧陸軍が火砲の威力の目安として用いた〝砲力（口径×砲身長比）〟を計算してみると、

三七砲身長三七ミリ砲　一三六九
一八・五砲身長五七ミリ砲　一〇五五

となり、九四式三七ミリ砲がかなり強力であったことがわかる。

昭和一二年から始まった日中戦争では、相手の中国軍がほとんど機甲部隊を持っていなかったこともあり、九五式軽戦車は大陸での戦闘ではそれなりの活躍を見せている。

アメリカのM3／M5スチュワート、ソ連のT26といった戦車には全く歯が立たなかったが、最後まで強力な機甲兵力を整備できなかった日本陸軍の中にあって、九五式には充分に高い評価を与えるべきである。

その一方で、陸軍は九五式ときわめて良く似たAFVを開発し、前線に配備している。

これが九五式と同じ三七ミリ砲をもった九七式軽装甲車（テケ車）で、六〇〇台が生産された。

九七式には軽装甲車という名称が与えられているものの、キャタピラを持ち回転砲塔をそなえた車両である。

外観からも、どう見ても軽戦車（かつて日本軍の兵士たち〝豆タンク〟と呼んだ）以外には見えない。

開発に当たった技術者たちは、最初のうち重砲の牽引車として考えていたらしいが、いつの間にかAFVと生まれ変わってしまった。

この結果、ほぼ同じ戦闘車両として九五式戦車、九七式軽装甲車の二種が造られ、かなりの無駄が生じている。

兵器の統一性といった面から、この状況は失敗というしかない。

結論

一九二五年頃から今日に至るまで、日本（旧陸軍と陸上自衛隊）が開発したいわゆる〝軽戦車〟は実質的に一九三五年に制式化した九五式一車種といってよい。

このハ号は、少し遅れて登場したアメリカのM３／５スチュワート、ソ連のT26軽戦車と比較した場合、その能力はたしかに低いと言い得る。

しかしその設計はイタリアのCV33／35、イギリスのMkⅥなどよりかなり進歩していた。

先進各国の情報が入りにくい極東の国家が、独力でこの九五式を造り出した状況については充分評価に値する。

また前述のごとくこの戦車は信頼性も高く、それだからこそ中国大陸においては太平洋戦争終結まで使われたのであろう。

中戦車

日本陸軍の中戦車（主力戦車）に関しては――平成八年に他界された司馬遼太郎氏の著作の影響もあって――脆弱そのものとの評価が決定的である。

たしかに同時代のドイツ、ソ連、アメリカのMBTと比較した場合、あらゆる能力において大きく劣る。

海軍の艦艇が世界の水準、あるいはそれ以上の能力を発揮していたのに対し、戦闘車両のそれはきわめて低いのである。

多くの資料を当たってみてもこれは間違いない事実であるが、本項ではもう一歩踏み込んで、日本の主力戦車の実力を探ってみることにしよう。

日本陸軍の主力戦車は、車種としてはわずか四種のみである。

八九式	五七ミリ砲	一九二九年制式化	
九七式	五七ミリ砲	一九三七年	〃
九七式改	四七ミリ砲	一九四〇年	〃
一式	四七ミリ砲	一九四一年	〃

戦争中期における各国の中戦車

要目・性能＼車名	一式チヘ	Ⅳ号F_2	M 4シャーマン	T 34/ 76	A 15クルセーダー	M 14/ 41
	日本	ドイツ	アメリカ	ソ連	イギリス	イタリア
乗員数　名	4	5	5	4	5	4
自重　トン	12.0	18.8	25.9	22.8	17.6	12.1
戦闘重量　トン	14.0	25.0	34.0	26.3	19.3	14.3
接地圧　トン/m^2	6.7	8.9	9.2	6.4	7.2	8.1
全長　m	5.5	5.6	5.9	5.9	6.0	4.9
全幅　m	2.3	3.0	2.6	3.0	2.6	2.2
全高　m	2.3	2.2	2.7	2.4	2.4	2.4
エンジンの種別	D	G	G	D	G	D
エンジン　出力 HP	240	300	400	500	340	145
出力重量比　HP/トン	17.1	15.6	12.0	19.0	17.6	10.1
最高速度　km/h	38	40	42	53	44	32
航続距離　km	240	160	160	450	160	200
主砲口径　mm	47	75	75	76	40	47
砲身長比	48	43	41	41	45	32
主砲威力数	100	143	136	138	80	67
副武装　口径 mm×基数	7.7 ×2	7.9 ×1	7.7×1 12.7×1	7.6 ×2	7.9 ×2	8.0 ×2
装甲厚　mm	25	50	90	70	50	37
生産期間　年～年	1942 ～44	40～44	41～45	40～42	40～43	41～43
生産台数	1500	9000	50000	20000	5300	790

注・威力数は口径×砲身長比で計算。一式を 100 としている。

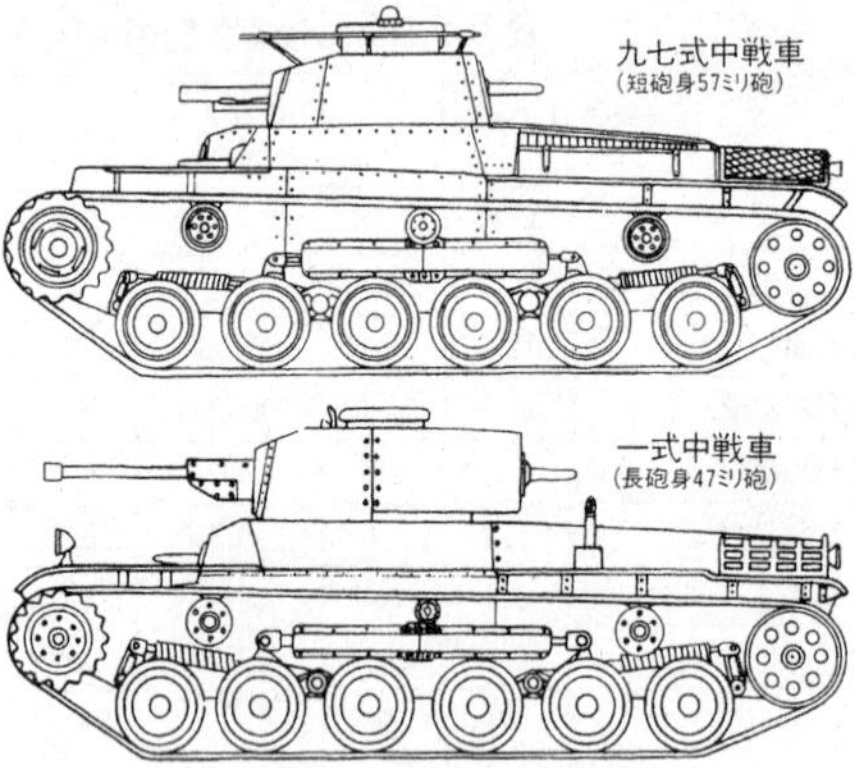

九七式中戦車と一式中戦車の側面図

このうち九七式、九七式改、一式はすべて同じ車体を使っているが、これを判り易くまとめてみると、

	主砲	機関出力(HP)
八九式戦車	五七ミリ	一二〇
九七式戦車	←	一七〇
九七式改戦車	四七ミリ	←
一式戦車	←	二四〇

となる。つまり二種の主砲、三種のエンジンが、二種類の車体に取り付けられていることがわかる。

最強の戦車は言うまでもなく一式であるので、これを中心に話を進めていく。

この一式チヘ車が本格的に活躍したのは、昭和一七年(一九四二年)の春からである。

すでに北アフリカ戦線ではイギリス軍とドイツ軍の、また東部戦線ではソ連軍とドイツ軍の大戦車戦がたけなわとなっていた。これらの戦場に登場していた鋼鉄の獣たちについては、別表を参照されたい。

当時の列強の主力戦車の主砲は、

ドイツ軍のⅣ号戦車

アメリカ軍のＭ３リー

　　Ｍ４シャーマン

ソ連軍のＴ34／76

とすべて七五ミリ前後の口径となっていた。また前面装甲の厚さは少なくとも五〇ミリ以上で、さもないと激しい闘いでは生き残れないのである。

この三ヵ国のＭＢＴと比較すると、イギリス、イタリア、日本の戦車は全く弱体というほかない。

太平洋戦争勃発時にはすでにフランスはドイツの軍門に下っていたので、まずイギリス、イタリアの中戦車について簡単に検討してみよう。

イギリスは、第二次大戦直前から精力的に戦車の開発に取り組んでいた。

この国の陸軍は、戦車を明確に区分し、

○巡航戦車　軽装甲　高速の偵察用戦車

○歩兵戦車　重装甲　低速の主力戦車
として開発している。

しかしこの思想そのものが、明らかに間違っていた。

戦闘車両は集団で投入されてこそその力を発揮するのであるが、性能、能力（特に速度）の異なる戦車をまとめて使うことはきわめて難しかったのである。

そのため、常にドイツ軍機甲部隊に翻弄され続け、フランス、北アフリカで大きな打撃を被ってしまった。

また戦車自体の設計もあまりに保守的で、次々と登場する戦車のすべてが米、ソ、独の車両より信頼性、性能ともに劣っていた。

アメリカはこれを懸念し、イギリスに対してM3グラント、M4シャーマンの大量供与を行なうのである。

一方、ドイツ、日本と共に枢軸の一翼を担うイタリアの戦車はどのようなものであったのだろうか。

同国の主力戦車は、実質的に、
M13／40　戦闘重量一四トン　出力一二〇馬力　四七ミリ砲
M14／41　戦闘重量一五トン　出力一四五馬力　四七ミリ砲

であった。

　このM13／40の名は、M＝中戦車、13＝基準となる重量、40＝一九四〇年制式化を意味している。M14／41はM13／40の性能向上型であり、この関係は九七式改と一式の場合と同様である。

対戦車戦闘に劣っていた一式中戦車（上）と、派生型まで含めると6万台以上を生産、英国にも供与されたM4中戦車

　それだけではなくイタリアの中戦車の寸法、性能とも日本の戦車によく似ている。また別表からも判るとおり、戦闘重量もほぼ等しい。

　しかしM14／41と一式を比較してみると、攻撃力、機関出力（当然、出力重量比）ともに後者が優れていることがわかる。

主砲の口径こそ同じ四七ミリだが、Ｍ14の砲身長比三二（簡易威力数一五〇四）に対し、一式の主砲は砲身長比四八（同二二五六）とかなり大きい。またエンジン出力はＭ14が一四五馬力、一式は二四〇馬力である。

つまり一式、そして九七式改中戦車は明らかにイタリアの主力戦車を凌駕していたのであった。

1940年の時点では水準より能力不足であったM13／40中戦車（上）と、1942年までソ連軍の主力であったT34／85戦車

当時すでに充分発達していた自動車工業を持っていたイタリアが、なぜこのように貧弱な戦車しか製造できなかったのか、大きな謎なのである。

ところで日本の主力戦車は、太平洋戦争において次のような敵戦車と闘っている。

○九七式戦車　五七ミリ短砲身砲装備

アメリカ陸軍のM3／5スチュワート

○一式戦車　四七ミリ砲装備

アメリカ陸軍のM4シャーマン戦車

このどちらの場合も、日本戦車にとって最悪の結果となってしまった。

スチュワート戦車の三七ミリ砲は、口径こそ小さいものの砲身長比五三ときわめて強力であった。

九七式の一八・五砲身長五七ミリ砲（威力数一〇五五）に対し、同一九六一と二倍近くになっている。

昭和一七年のはじめ、フィリピンにおけるM3対九七式の戦車戦では、「日本の中戦車が、アメリカの軽戦車に敗れる」という結果になってしまった。

次の戦車戦、昭和一九年、二〇年のフィリピン、沖縄戦では日本の一式、アメリカのM4の対決となったが、すでに能力には大差が生じていた。

日本の四七ミリ砲（威力数二二五六）

アメリカの七五ミリ砲（威力数三〇七五）

の威力だけを見ても、勝敗ははじめから明らかなのであった。

装甲の厚さなど一式の二五ミリに対して、Ｍ４シャーマンのそれは九〇ミリと三・五倍もあったのである。

これだけ能力に差があれば、乗員の技量や闘志などなんの役にも立たず、条件さえ良ければ、一台のＭ４は五～六台の一式中戦車に対抗できた。

もはや列強の中戦車は、最低でも重量三〇トン、エンジン出力四〇〇馬力、主砲口径七五ミリ、装甲厚七〇ミリといった条件を必要としていたのである。

とすればすでに一式中戦車は明らかに能力不足で、これを主力戦車としなければならなかった日本陸軍は決して一流の軍隊とは言えなかった。

さて日本陸軍は、自軍の主力戦車の能力（特に対戦車戦闘能力）の不足に気付いていなかったのであろうか。

いや、一九三九年七、八月の満州（中国東北部）、ソ連国境における紛争において否応なしに、この事実を思い知らされているはずであった。

ノモンハン事件と呼ばれた国境の武力衝突のさい、日本陸軍の八九式、九七式中戦車は、ソ連軍のＴ26、ＢＴ５／７戦車によって徹底的に打ちのめされた。

日本側はすでに何回となく紹介した低威力の五七ミリ砲にこだわり続け、これに対してソ連は高威力の四七ミリ砲装備の戦車を繰り出してきたからである。
砲の威力から言えば、
八九式／九七式　対　九七改／一式
といった戦車同士の闘いであった。
これが一九三九年のことである。それから丸二年たった後でも、日本陸軍の主力戦車は五七ミリ砲装備の九七式で、だからこそフィリピンでM３に敗れたのである。
これは一にも二にも陸軍上層部の怠慢というしかない。

結論

日本陸軍は、中戦車（主力戦車）を開発するに当たってもっぱら歩兵直協（直接協力すること）を重視してきた。

そのため対戦車戦闘能力が絶対的に不足し、ノモンハン事件、太平洋戦争において苦杯をなめさせられることになってしまった。

しかし昭和一二年から始まっていた中国との戦争を勘案すれば、歩兵直協という役割もまた軽視することはできない。

このふたつの目的に合致させるためには、同じ九七式戦車の車体を利用した、

○歩兵直協用　五七ミリ砲装備
○対戦車戦闘用　四七ミリ砲装備
の二種の戦車を最初から並行して製造すべきであった。

この主張は、巡航戦車、歩兵戦車と二種の性格の異なった車両を保有しようとしたイギリス陸軍とは全く異なる。

五七ミリ、四七ミリ砲戦車とも、主砲以外の要目、性能は共通なのである。

この方式に気付き実行していれば、少なくともノモンハンにおけるT26、BT5、緒戦のフィリピンにおけるM3との対決に勝利をおさめることができたのではないか、と思われる。

またノモンハンの戦車戦に敗れた時点で、一式砲戦車のような車両を考案すべきであった。この戦車は、九七式の車体に威力の大きな七五ミリ野砲を搭載した対戦車自走砲である。装甲としてはごく薄い防盾だけしか持っていないが、攻撃力は充分で、M3／5スチュワートはもちろんM4シャーマンさえ撃破可能とみられる。

結局のところ問われるのは九七、一式中戦車の脆弱性ではなく、陸軍の機甲専門家の研究心不足ではあるまいか。

重戦車

日本陸軍は主力戦車である九七式改、一式の後継車として、次の三種の戦車を開発中であった。

これらを一応〝重戦車〟と分類するが、列強の重戦車群と比べた場合には、〝中戦車〟程度の能力を持つにすぎないことを最初に明らかにしておかなくてはならない。

	重量トン	機関出力ＨＰ	主砲口径ミリ／砲身長比
三式	一九	二四〇	七五／三八
五式	三七	五五〇	七五／五六

（注・四式については別表参照）

またそれぞれの製造数は

三式　七〇〜八〇台

四式　十数台（一説には六台）

五式　一台のみ？

と伝えられ、とうてい戦力と呼べるほどのものではなかった。

加えてこの三種の戦車のうち、日本軍のMBTとしてその地位を確保できる可能性のあったのは、四式戦車チト車のみである。

その理由を次に掲げる。

㈠　三式中戦車チヌ

戦闘重量は二〇トンに満たず、エンジンの出力も一式と同じ二四〇馬力にすぎなかった。主砲は口径七五ミリと大きくなってはいるが、砲身長比は三八と短い。

これらの要目からチヌは、

○アメリカ陸軍の初期型のM4シャーマン

重量三〇トン　出力三五〇馬力　七五ミリ砲三一砲身長　一九四二年登場

○ドイツ陸軍のⅣ号戦車F2型

（注・データは「中戦車」の項の表を参照）

と比較して、ほぼ同等あるいはそれ以下の性能しか持っておらず、重戦車のカテゴリーに加えることには無理がある。

㈡　五式重戦車チリ

チリの略称のとおり、旧陸軍はこれまた中戦車と分類していたが、実質的には戦闘重量四〇トンを超す重戦車であった。巨大な砲塔には七五ミリ砲（砲身長五六）を装

大戦後期の各国の重戦車

車名 / 要目・性能	四式チト車	VI号II型キングタイガー	M 26パーシング	JSIIIスターリン	センチュリオンA 41
	日本	ドイツ	アメリカ	ソ連	イギリス
乗員数　名	5	5	5	5	4
自重　トン	28	62	39	35	44
戦闘重量　トン	31	68	42	46	49
接地圧　トン/m²	12.6	10.2	7.8	8.2	9.0
全長　m	6.3	10.3	7.3	9.9	7.7
全幅　m	2.9	3.8	3.5	3.2	3.4
全高　m	2.9	3.1	2.8	2.4	3.0
エンジンの種別	D	G	G	D	G
エンジン　出力 HP	400	600	500	600	600
出力重量比　HP/トン	12.9	8.8	11.9	13.0	12.2
最高速度　km/h	45	35	48	37	34
航続距離　km	200	170	180	240	200
主砲口径　mm	75	88	90	122	77
砲身長比	56	71	50	43	70
主砲威力数	100	149	107	125	128
副武装　口径 mm×基数	7.7 ×2	7.9 ×2	7.7 ×2	14.5 ×2	20 ×1
装甲厚　mm	75	180	102	160	152
生産台数	6 ?	450	3000	3400	9000
登場年度	1945	1944	1945	1945	1945

注・威力数は四式を 100 としている。

備していたが、後には八八ミリ砲の搭載も考えられていたと言われる。

しかしこの五式は設計思想に根本的な問題を携えていた。七五ミリ砲の下に口径三七ミリの副砲？ を持つ設計だったのである。

一式中戦車の主砲を九〇式75ミリ砲に換装した三式中戦車（上）、まったくの新設計で、世界の水準に達した四式中戦車（中）、副砲の37ミリ砲に問題があった五式重戦車（下）

戦車が主砲、副砲と二種の戦車砲を装備した例としては、
○アメリカ陸軍のM3リー／グラント
七五ミリ砲と三七ミリ砲

主砲の88ミリ砲は強力であったが、燃料不足に悩まされたキングタイガー（上）、M4中戦車を上まわるM26重戦車（中）、今までの戦車スタイルを一新したJS3重戦車（下）

○フランス陸軍のシャールB1
七五ミリ砲と四七ミリ砲が見られるが、いずれも二種の火砲を操作しなければならず、砲手の注意が散漫となり、また主砲の射角の制限が大きく、充分に活躍できないままに終わっている。

そしてこれらの戦車は、昭和一七年頃には第一線から姿を消す運命にあった。

そのような状況に気付かないまま、この古い型式の五式戦車の開発を続けた日本陸軍の技術者は少々不勉強であったとの誇りは免れない。

強力なチリ車であっても、基本的な設計において生まれる前から旧式と言えたのであった。

さてようやく〝本命〟の四式戦車チト車の評価に入る。

列強の戦車技術、特にドイツ、ソ連から遅れに遅れた日本ではあるが、昭和一八年中に四式を実用化できていれば一応世界の水準に追いつけたはずである。

五六砲身長の七五ミリ砲なら、翌年フィリピン、硫黄島、沖縄に登場したM4シャーマンの各型式をほとんど撃破できた。

前部の装甲こそ七五ミリと薄いが、その他の性能は九七式改、一式を大きく上まわっており、M4はもちろん終戦直前に満州（現・中国東北部）に侵攻してきたソ連の戦車群（T34／76、同85）にも太刀打ち可能であった。

またチト車のエンジンは出力四〇〇馬力のディーゼルで、この分野においてはドイツ、アメリカ、イギリスを凌駕していたと言えなくもない。日本陸軍としては三式、四式、五式の開発を四式一本に絞り込み、この戦車を大量に製造すべきであった。

そして後期型として主砲はそのまま、エンジン出力を五式並みの五五〇馬力に、また前部装甲を一・五倍の一二〇ミリに増強する。

これによってなんとか、連合軍の主力戦車に対抗できる戦闘車両を持ち得たはずである。

結論

日本陸軍は、いわゆる〝重戦車〟を開発、保有するだけの力を持つことができなかったが、ＭＢＴについてはアメリカ、イギリスに近づきつつあった。ただし三種の戦車を同時に開発するという愚を犯している。それが唯一の主力戦車に成り得た四式戦車の実用化を、大幅に遅らせたのではないかと推測される。

その一方で、戦争中期以降の戦車関連技術が戦後になって開花し、六一式、七四式、九〇式といった自衛隊の戦車の誕生に繋がったのであった。

（注・蛇足ながら本項に登場した三式中戦車チヌが、現在でも陸上自衛隊土浦武器学校に教材として展示されている。あらかじめ申し込むことにより、一般の人々も見学可能であることを書き添えておく）

その他の軍用車両

ＡＦＶ（装甲戦闘車両）としては、軽戦車九五式ハ号、中戦車九七式を一五〇〇台以上生産した日本陸軍であるが、これ以外の車両はきわめて少なかった。

○偵察用のキャタピラ付装甲車　九四式、九七式
○自走野砲とも言える　一式砲戦車ホニ
○車輪を変えることで軌道上も走れる装甲車　九一式広軌牽引車

などが造られたが、その数はすべてについて五〇〇台以下であったと思われる。

また旧陸軍は装輪式（タイヤ付）装甲車に全く興味を示さず、この点からは世界でも珍しい軍隊とも言える。

わずかに海軍の陸戦隊（陸上戦闘を主任務とする部隊）が、九二式装輪装甲車を少数装備したにすぎない。

日本陸軍がなぜ戦車より戦闘力、防御力は低いものの、安価で機動性に富む装輪装甲車を揃えようとしなかったのか、その理由は不明のままである。
ＳｄＫｆｚ222に代表される軽装甲車を駆使してポーランド、フランスにおいて〝電撃戦〟を実行したドイツ陸軍との近代化の差〟が、この分野にもはっきりと表われている。

さて、このように装甲車（装輪式）の比較が出来ないこともあって、その代わりに軍用車を取り上げてみたい。

いずれも装甲を持っていないいわゆるソフトスキン車両だが、偵察、連絡、輸送といった面での重要な戦力なのである。

たとえば、ここで評価の対象にしたアメリカの¼トン・トラック（いわゆるジープ）は、戦争の勝敗を決定するほど大きな貢献を果たしている。

連合軍最高司令官であったアメリカのD・アイゼンハワー元帥は、第二次大戦における連合軍の勝利を決めた三つの兵器として、

㈠　ダグラスC47双発輸送機
㈡　ジープ

(三)　原子爆弾

を挙げているのである。

この事実を前おきとして、さっそく軍用車の比較を行なうことにしよう。

一、小型軍用車

全長四メートル、乗員四人程度の軍用車の主なものを別表に掲げている。

本来、戦場は不整地であることが多いから、この種の車両は全輪駆動４ＷＤ（４×４）であるべきだが、ドイツのキューベルワーゲン（Ｋｆｚ１）は４×２（四輪のうち二輪を駆動）となっていた。

しかしそれを補う意味から、車重がきわめて小さい点に注目しなければならない。日本のくろがね四起（九五式偵察車）とエンジン出力はほぼ同じだが、車重は七割である。

表に掲げた五種のうちソ連のガスＧＡＺ67Ｂは、アメリカのジープの派生型といってもよい車両であった。

くろがね型にくらべ登場年度に六年の差があるだけに、ジープはきわめて能力の大きな軍用車両と評価できる。

偵察、輸送、連絡といった任務以外に、機関銃一、二梃を搭載して軽攻撃にも使用されている。フェンダーを除いて、車体は直線的に構成され、見るからに生産性が高いことがわかる。

ジープと比較するとくろがね型はなんとも不細工で、そのスタイルからいってもとうてい戦闘に参加できるような車両ではない。

ドイツ陸軍のキューベルワーゲンはこれまた洗練されている。

この車両は軽量であるため、4×2にもかかわらず不整地の踏破性ではジープとほぼ同等であった。また七・九ミリ機関銃を装備し、ロシアにおいてはゲリラの掃討作戦にも投入された。

イタリアのフィアット508Cはキューベルワーゲンとよく似た車両であるが、車重が大きいので走行性能は低かったものと思われる。ジープ、キューベルワーゲンと比べた場合、くろがねが大きく劣っているのは出力重量比からも見てとれる。

一トンの車重に対してその出力はわずか二五馬力であって、これではたとえ4×4であろうと不整地の通過能力は決定的に不足であった。

加えて表の生産台数からいって、キューベルワーゲンの一〇分の一、ジープの一〇〇分の一にすぎない。

各国の小型軍用車

要目・性能 ＼ 車名	くろがね四起	キューベルワーゲン	フィアット508 C	トラック¼トンジープ	GAZ 67 B
	日本	ドイツ	イタリア	アメリカ	ソ連
乗員　名	3	4	4	4	4
全長　m	3.6	3.7	3.6	3.6	3.4
全幅　m	1.5	1.6	1.5	1.6	1.7
自重　kg	1000	690	1150	1100	1320
エンジンの種別	空冷	空冷	水冷	水冷	水冷
排気量　cc	1400	1130	1090	2200	3300
エンジン　出力HP	25	24	32	45	54
出力重量比　Hp/トン	25.0	34.8	27.8	40.9	40.9
最高速度　km/h	60	80	65	80	65
駆動方式	4×4	4×2	4×2	4×4	4×4
登場年度	1935年	1939	1939	1941	1943
生産台数	4800	5.2万	1.4万	64万	30万

注・イギリス軍はこの種の車両を保有しなかった。

小型軍用車について日本軍は、性能の極端に劣った車両で一〇〇倍の敵に対抗しなければならなかったのである。

また、この種の小型軍用車とトラックの中間的な軍用車、例えばアメリカ陸軍のM3・4×4ホワイト軽装甲車といった車両も保有できなかった。

二、軍用トラック

前述のごとく、陸上輸送の主力となるトラックは、戦力の重要な一部分を構成している。
日本陸軍の主要なトラック（自動貨車と呼ばれた）は、
日産の80型

偵察・戦闘用としては不向きであった九五式偵察車（上）、もっとも成功した4×4軍用車ジープ（中）、量産がしやすく、5万台以上が生産されていたキューベルワーゲン（下）

各国の典型的な軍用トラック

要目・性能＼車名	日産八〇型	オペル・ブリッツ 3.6	フィアット Spa 38	トラック 2½トン 6×6	オースチン K 30	GAZ AAA
	日本	ドイツ	イタリア	アメリカ	イギリス	ソ連
全長 m	5.4	6.0	5.8	6.5	5.5	5.4
全幅 m	2.4	2.3	2.1	2.2	2.2	2.0
自重 トン	2.9	2.8	3.4	4.7	2.8	2.5
積載量 トン	5.0	3.3	5.0	5.0	2.4	2.5
排気量 cc	3700	3900	4050	4420	3460	3300
エンジン 出力 HP	85	74	55	104	60	50
出力重量比 HP/トン	29.3	26.4	16.2	22.1	21.4	20.0
駆動方式	4×2	4×2	4×2	6×6	4×2	6×4
登場年度	1935	1938	1940	1941	1940	1940
生産台数	2万	8万	3万	80万	11万	—

注・エンジンはすべて水冷である。

トヨタKB
いすず七トン（いすず二式自動貨車）
などであった。

これらのトラック群は――信頼性はともかく――性能的には独、伊、英、ソの車両と大差はなかったと思われる。エンジンの出力、積載量とも甲乙つけ難い。

ところが、アメリカの2½トン・トラック（GMC353タイプなど）と比較すると能力には大きな差が出てしまう。アメリカ陸軍のトラックの半数以上が6×6、つまり六輪で全輪駆動なのである。

日本をはじめ他の列強諸国は、特殊

なものを除いて全輪駆動のトラックを保有できなかった。そのうえ、生産台数からいってもアメリカは他国の一〇倍以上の数を造っている。

本書では数の大小は問わずに記述を進めてきたが、これだけ大差が生ずると個々の兵器の性能の比較など、あまり意味をなさないような気がしないでもない。

また日本を除く各国は、それでも4×4駆動のトラックを少数ながら製造している。しかし、わが国は最良の車両でも6×4にとどまっており、全輪駆動のトラックを造るだけの余裕をもつに至らなかったのであった。

あとがき

四〇〇字詰原稿用紙三百数十枚、図表三十数枚を費やして、日本軍兵器の分析と比較検討を行なってきた。

我々の祖父、父たちがこれらの兵器に乗り込み、あるいはその傍らで戦い続けてきたことは疑う余地のない事実である。

私事にわたるが、著者の父は開業医であったが開戦とともに召集され、軍医として終戦まで中国大陸で勤務した。

所属したのは鉄道連隊であり、直接敵軍と交戦することはなかったものの、昭和一九年夏以降は連日のごとく来襲するアメリカ軍機との対空戦闘に忙しい日を送った、と聞いた覚えがある。

また当時、鉄道のレールの上を走ることのできるトラックがあり、これがきわめてよく働いたとも話していた。手元の資料を繙《ひもと》き、この車両が九一式広軌牽引車であったことを知ったのはずっと後からである。

このように日本の軍隊、そして兵器は、否応なく我々の人生に係わり合っているのである。さて書き上がった原稿を読み返していくつか感じた事柄があるので、それらを列挙し、再度読者諸兄と共に考えてみたい。

一、陸海軍の兵器に関して

多くの方々から幸いにもご好評をいただき、版を重ねた前著『日本軍の小失敗の研究正・続』を読まれた読者のおひとりから、長い手紙をいただだいた。

その主旨は、「陸軍と比べて海軍をよく書きすぎている」というものである。

本書をお読みになったあとも、再び同じ感想をもたれるかも知れないが、これについて一言付け加えておきたい。

残念ながら、陸海軍の組織、兵器の質を詳細に分析していけばいくほど、やはり浮かび上がってくるのは、

『日本陸軍の超保守性、精神至上主義』

である。

この件に関しては本文中でくどいほど記しているので、繰り返さない。

太平洋戦争における陸軍の二大兵器——もっとも広く使われたという意味の——である三八式歩兵銃、三八式野砲のどちらもが、明治三八年（一九〇五年）に制式化さ

れた超旧式兵器であることを知れば、それで充分であろう。

戦争勃発が昭和一六年であるから、日本陸軍は三六年前に制式化された兵器で戦ったわけである。

これを現代に当てはめれば、陸上自衛隊の六一式戦車（一九六一年制式化）をもって、アメリカ軍のM1A1エイブラムズ、九〇式戦車に立ち向かうのに似ている。

この一事をもってしても、旧日本陸軍の近代化は遅れていたのである。

一方、海軍は、三菱零式戦闘機、九三式酸素魚雷に代表されるいくつかの最新兵器を早くから開発していた。その性能は短い期間ではあるが、明らかに世界を凌駕していたのである。

再び陸軍に眼を向けたところで、このような兵器は存在しない。唯一挙げるとしたら、艦艇のところで取り上げた陸軍特殊船（MT船）神洲丸のみと言っても過言ではない。

陸軍の下級兵士たちの勇戦奮闘ぶりについては、いかに高く評価してもし過ぎることはないと常々感じている。

しかし同時に上層部の

「傲慢さと、その裏返しとして表われる勉強、研究心の不足」

は、現実の問題としてわが国に自衛隊という軍隊が存在するかぎり、糾弾され続けなければならないのである。

二、コピー兵器の存在について

日本軍の兵器を多少でも学んだとき、驚くのは欧米のコピー兵器の多さである。

本書の執筆にあたり、この種のリストを作成してみたが、わずか二、三時間で陸軍三〇種、海軍一五種が数えられた。

もちろん、デッドコピー（そのまま製造したもの）、改良型、そしてオリジナルを参考にした新しい兵器といろいろあるが、デッドコピーだけでも決して少ない数ではない。

例えば陸軍については、

○九二式一三・二ミリ対空機関銃
ホチキス一三・二ミリ対空機関銃　フランス

○九〇式野砲
シュナイダー七五ミリ野砲　フランス

○八八式七センチ半高射砲

ボフォースM29七五ミリ高射砲　スウェーデン
○九四式六輪自動貨車
タトラE6型六輪トラック　チェコ
といった状況で、まさに日本陸軍の兵器はヨーロッパ各国の製品の展示場の感さえあるのである。
また海軍も陸軍ほどではないが、
○九九式二〇ミリ機関砲
エリコン二〇ミリ機関砲　スイス
○ク式空三号無線帰投方位測定機
クルシーMk2　帰投装置　アメリカ
などがある。

なかでも主力戦闘機であった〝零戦〟の二〇ミリ機関砲まで、外国のコピーであった事実は衝撃的といってもよい。

これではなかなか欧米を凌ぐ性能を持つ兵器を生み出すことなど、出来るはずがない。

ともかく、戦闘車両、航空機をのぞく兵器の半分以上が自主開発品ではなかった状況を理解しておかなければ、日本陸軍の分析は不可能といえる。

あれだけ欧米敵視、日本〝神国論〟を声高に叫んでいながら、主要な陸戦兵器の大部分が敵国原産であるという事態に首を傾げざるを得ない。


さて「まえがき」にも記したが、このような状況を前提としてはいても、わが国の人々は懸命に学び、努力し、少しでも欧米の技術との差を縮めようと力を尽くした。

軍備という、現代にあってはなんとなく後めたい分野であったが、それでもなお技術の向上に祖国の運命がかかっていると信じていたのである。

敗戦によりすべてが灰燼に帰したかに見えたものの、いったん国民の中に根付いたものはそう簡単に消滅したりはしなかった。航空機の市場では立ち遅れてはいるが、車両、鉄道、船舶の分野ではわが国の技術力は間違いなく世界の最先端にある。

そしてこの基礎のかなりの部分が、戦前、戦中の軍事技術に依存してきたのは疑う余地がない。

昨今、太平洋戦争以前の日本人の行為すべてを悪と決めつける風潮が少なからず残っているが、冷静に歴史を振り返れば二〇世紀の前半において、「欧米によるアジアの植民地化」に軍事力を持って対抗できる〝可能性〟のある国はわずかに日本だけしかなかった。

それはあくまで〝可能性〟の範囲を越えることはできなかったが……。

戦争により近隣諸国に多大な迷惑をかけた事実は事実として認めることにやぶさかではないが、同時に日本の人々が欧米の植民地化への恐れに必死に対抗しようとしていた努力も評価されなければならないのである。

あらゆる個人も、またあらゆる国家も、あるときは正しい道を選択し、また多くの誤ちを犯す。つまり良くも悪しくも〝絶対〟という評価を与えることは何人《なにびと》たりとも許されないのである。

長いあとがきの結論としては、このひと言に尽きる。

最後になったが、本書の執筆にあたり光人社編集部の牛嶋義勝氏、坂梨誠司氏、真下潤氏にお礼を申し述べておきたい。各氏の励ましと綿密な校閲なくして、本書は世に出ることはなかったかもしれないからである。

一九九七年春

三野正洋

文庫版のあとがき

手垢のついた言い方だが、バブル崩壊後のわが国は慢性的な経済不況に陥っている。
誤解を恐れずに表現すれば、この状況は昭和二〇年前半期の日本の姿に重なり合う。
そこでなにか打つべき手はないか、と考えたとき、企業、なかでもメーカーの経営者、技術者諸兄は、太平洋戦争中旧日本軍の兵器に目を向けられてはいかがであろうか。

むろん、兵器を製品とするわけではなく、ここから

「本当に役に立つ技術とはなにか」

という教訓を汲みとるのである。

冷徹に見るかぎりやはり無用の長物でしかなかった大和級戦艦、逆に簡易製造型ながらそれなりに活躍した海防艦など、それらが現実に戦争で使われただけに、貴重きわまりない情報を我々に与えてくれている。

この点が全く実戦を経験していない自衛隊の装備とは、大きく異なるところといえよう。

また、兵器の価値の評価に加えて、その投入方法に関しても真摯《しんし》に学びたい。投入方法などといったかたい言葉よりも、いってみれば、

「持てる道具の有効な使い方、使い道」

なのである。

たとえば日米海軍の潜水艦の数と性能には大差がなかったものの、アメリカはきわめて有効にそれらを活用し大きな戦果を挙げている。他方、日本海軍の潜水艦戦術は明らかに柔軟性に欠け、乗組員の必死の努力にもかかわらず本来の力を発揮できなかった。

本書はたんに兵器の能力、質といったことばかりではなく、この種の分析も行なった。

それによって、いわゆる〝カタログ・データ〟とは全く違った、本当の価値を見つけ出すことができると考えたからである。

今後の世界でもっとも必要とされるのは、物や金ではなく、柔軟な頭脳と思われる。

そしてそれを自分のものとするための最良の手段は、多くの情報を集めると同時に

分析力を高めることなのである。

このためのトレーニングとして、著者は読書に勝る手立てはないと確信している。この意味から本書もまた一種の教科書と言い得るかも知れない。

二〇〇一年　春

三野正洋

文庫本　平成十三年六月　光人社刊

NF文庫

日本軍兵器の比較研究　新装版

二〇二四年十一月二十日　第一刷発行

著　者　三野正洋

発行者　赤堀正卓

発行所　株式会社　潮書房光人新社

〒100-8077　東京都千代田区大手町一-七-二

電話／〇三-六二八一-九八九一㈹

印刷・製本　中央精版印刷株式会社

定価はカバーに表示してあります

乱丁・落丁のものはお取りかえ

致します。本文は中性紙を使用

ISBN978-4-7698-3381-9　C0195

http://www.kojinsha.co.jp

NF文庫

刊行のことば

第二次世界大戦の戦火が熄《や》んで五〇年——その間、小社は夥しい数の戦争の記録を渉猟し、発掘し、常に公正なる立場を貫いて書誌とし、大方の絶讃を博して今日に及ぶが、その源は、散華された世代への熱き思い入れであり、同時に、その記録を誌して平和の礎とし、後世に伝えんとするにある。

小社の出版物は、戦記、伝記、文学、エッセイ、写真集、その他、すでに一、〇〇〇点を越え、加えて戦後五〇年になんなんとするを契機として、「光人社NF（ノンフィクション）文庫」を創刊して、読者諸賢の熱烈要望におこたえする次第である。人生のバイブルとして、心弱きときの活性の糧《かて》として、散華の世代からの感動の肉声に、あなたもぜひ、耳を傾けて下さい。

＊潮書房光人新社が贈る勇気と感動を伝える人生のバイブル＊

NF文庫

写真 太平洋戦争 全10巻 〈全巻完結〉

「丸」編集部編

日米の戦闘を綴る激動の写真昭和史——雑誌「丸」が四十数年にわたって収集した極秘フィルムで構築した太平洋戦争の全記録。

究極の擬装部隊 米軍はゴムの戦車で戦った

広田厚司

美術家や音響専門家で編成された欺瞞部隊、ヒトラーの外国人部隊など裏側から見た第二次大戦における知られざる物語を紹介。

復刻版 日本軍教本シリーズ 「国民抗戦必携」「国民築城必携」「国土決戦教令」

藤田昌雄 佐山二郎編

俳優小沢仁志氏推薦！ 国民を総動員した本土決戦とはいかなる戦いであったか。迫る敵に立ち向かう為の最終決戦マニュアル。

新装版 日本軍兵器の比較研究 連合軍兵器との優劣分析

三野正洋

第二次世界大戦で真価を問われた幾多の国産兵器を徹底分析。同時代の外国兵器と対比して日本軍と日本人の体質をあぶりだす。

新装版 英雄なき島 私が体験した地獄の戦場 硫黄島戦の真実

久山 忍

硫黄島の日本軍守備隊約二万名。生き残った者わずか一〇〇〇名——極限状況を生きのびた人間の凄惨な戦場の実相を再現する。

海軍夜戦隊史〈部隊編成秘話〉 月光、彗星、銀河、零夜戦隊の誕生

渡辺洋二

第二次大戦末期、夜の戦闘機たちは斜め銃を武器にどう戦い続けたのか——海軍搭乗員と彼らを支えた地上員たちの努力を描く。